肖晓青——主编

初心如磐

红色家风故事

四川人民出版社

图书在版编目（CIP）数据

初心如磐：红色家风故事/肖晓青主编. -- 成都：
四川人民出版社, 2025. 5. -- ISBN 978-7-220-13998-7

Ⅰ. B823.1

中国国家版本馆CIP数据核字第2025BF4291号

CHUXIN RUPAN　　HONGSE JIAFENG GUSHI

初心如磐：红色家风故事

肖晓青　主编

出 品 人	黄立新
策划统筹	张明辉
责任编辑	薛玉茹
封面设计	象上设计
版式设计	李其飞
责任校对	林　泉
责任印制	周　奇
出版发行	四川人民出版社（成都市三色路238号）
网　　址	http://www.scpph.com
E-mail	scrmcbs@sina.com
新浪微博	@四川人民出版社
微信公众号	四川人民出版社
发行部业务电话	（028）86361653　86361656
防盗版举报电话	（028）86361661
照　　排	四川胜翔数码印务设计有限公司
印　　刷	四川华龙印务有限公司
成品尺寸	170mm×240mm
印　　张	23
字　　数	330千
版　　次	2025年5月第1版
印　　次	2025年5月第1次印刷
书　　号	ISBN 978-7-220-13998-7
定　　价	79.00元

目录
CONTENTS

简　历

李立三（1899—1967）

无产阶级革命家，中国共产党的优秀党员，中国工人运动的杰出领导人之一。

原名李隆郅，湖南醴陵人。1919年9月赴法勤工俭学，1921年回国加入中国共产党。先后在地方和中央担任工人运动领袖。中共六大后，任中央政治局常委、秘书长、宣传部长。1930年6月至9月犯了"左"倾冒险错误，并在中共中央六届三中全会上承认了错误。同年底，去苏联。1946年回国，任中华全国总工会主席、中共中央职工运动委员会书记。新中国成立后，历任中央人民政府委员、劳动部部长、中共华北局书记处书记。"文化大革命"中遭受残酷迫害，1967年6月22日，在北京蒙冤逝世。1980年3月20日，中共中央为李立三平反昭雪，恢复名誉。

李莎（1914—2015）

原名叶丽萨维塔·巴夫洛芙娜·基什金娜，中国籍俄罗斯人，著名俄语教育家。1914年出生于俄罗斯萨拉托夫州，1941年毕业于莫斯科外语师范学院，先后在哈尔滨俄语专科学校、北京俄语学院（现为北京外国语大学）任教。曾任中国俄语教学研究会、中国翻译工作者协会、中俄友好协会理事等职，系中国老教授协会名誉理事、全国政协委员。

1936年在莫斯科与李立三结婚，1946年来中国定居，为我国培养了大批俄语人才。1964年加入中国国籍。

1945年6月被授予苏联卫国战争期间忘我劳动奖章。

1998年国际俄语教学联合会授予普希金银质奖章。

2013年法国政府颁发荣誉军团勋章。

2015年5月8日由习近平主席授予中俄友谊地久天长奖章。

2015年5月12日，在北京逝世，享年101岁。

功业存史册，忠诚励后人

◎李英男

每当提起"李立三"这个名字，我的心情就久久不能平静。作为李立三的女儿，我曾经为有这样的父亲感到自豪、振奋，也曾一度为这个名字陷入迷惘、倍受压力。我向他奉献出一片女儿的挚情，也曾因为误解、怀疑给他造成过内心的伤害。几十年过去了，当我想起他时，仿佛又回到孩提时代，心里充满了阳光和幸福。我多想跑过去拥抱他，大声喊出："爸爸，我想念您！"

父亲李立三

最初的记忆

我模糊地记得那条狭长昏暗的走廊，两边堆放着木箱、纸箱、旧皮箱和其他杂物，散发着刺鼻的霉气。这是莫斯科的"大杂院"——七家人合住的大单元。爸爸以普通老百姓的身份在这里度过了漫长、艰苦的流亡岁月。我们家和我的姥姥及舅舅一家同住在用白布屏风隔成两半的一间房内。这里也是我出生的地方。听妈妈讲，我小时候有半夜啼哭的坏毛病，爸爸生怕吵醒家人和邻居，每每要疼爱地把我抱在怀里走来走去，嘴里还轻轻地哼着自编的歌谣：

我的宝宝，我真爱你。
快乐之神，谢谢你！

可是后来我稍许长大，开始在走廊里活蹦乱跳的时候，爸爸却不见了，他上哪儿去了呢？

我脑海里又出现了另一个画面：明媚的晨光掠过小木屋的窗口，照亮

1946年，在哈尔滨与父亲重逢

了我的床头，窗外是一片葱绿的树林。我刚刚睁开眼睛，一下就发现摆在床边的玩具和一件件漂亮的连衣裙。我多么高兴啊！那天是我3岁的生日。当时我和妈妈在莫斯科郊外的小村庄避暑，这些生日礼物都是她趁我熟睡时，悄悄地放在床头的。我跳下床，跑过去亲吻妈妈，她告诉我：

"这些玩具和连衣裙都是爸爸从遥远的地方捎给你的。"

"爸爸！他在哪里？"

妈妈回答说："在中国。"

啊，中国！我虽然生在苏联，但早就懂得：爸爸是中国人，我的血管里也流淌着中国人的血液。我满8个月的时候，爸爸心血来潮，把我抱到照相馆去，拍下我生平第一张照片。妈妈喜欢把它拿出来给亲友们看，笑眯眯地说："瞧，这是我们家的中国丫头！"

爸爸为什么会来到遥远的苏联，又怎么会撇下我们母女独自回国呢？

1946年1月，父亲离开莫斯科前全家合影

后来得知，是共产国际于1930年底把他召到莫斯科，尔后长期受到阻隔，不能回去，1945年底苏方才将他放行。1946年1月，爸爸终于离开莫斯科，来到刚刚解放的哈尔滨，重新投入了革命工作。临走时，他答应妈妈，一旦条件成熟，一定要把她和我接到中国去。当时国内局势严峻，战事频仍，通信困难，但爸爸还是想方设法坚持和妈妈联系。每当有人去莫斯科，他总要捎去信件或包裹，给我们送去一片爱。那次我的生日礼物就是罗荣桓叔叔帮忙带去的，这千里之外的祝福给了我和妈妈多大的愉快和安慰呀！

妈妈是俄罗斯人，莫斯科是她的家乡，但她向往中国，思念父亲，为了家庭团圆，她克服了种种障碍，获得出国批准，毅然带着我踏上了开赴中国的路程，1946年10月抵达哈尔滨。记得那天，爸爸在家门口迎接我们，他身穿黄呢军大衣，头戴军帽，那么威风，那么高大，这正是我幼小心灵中想象已久的爸爸！

爸爸虽然很喜欢孩子，但他没有多少时间享受天伦之乐。在解放战争和新中国成立初期，他工作极为繁忙，早出晚归，我和妹妹很少有机会和他在一起。当我问妈妈，爸爸在哪里？妈妈总是回答说："爸爸开会""他出差了""他接待外宾"，等等。新中国成立初期，爸爸担任中华全国总工会副主席、劳动部部长等职务，经常进出中南海，向毛泽东、刘少奇、周恩来等领导人汇报、商谈工作。去看望红墙内的老同志，有时还把妈妈和我一起带去。我知道，论职位他们比爸爸要高，但在一起时，气氛和谐融洽，谈笑风生，平等友爱，完全不像上下级关系。我相信，他们在一起的时候，会想起留法勤工俭学、安源大罢工、南昌起义等这些共同走过的路程。

爸爸的光荣历史、不平凡的经历和肩负的重任，使我打心眼儿里感到自豪。我非常想让人人都知道我是李立三的女儿，但爸爸妈妈严下禁令，不许对外宣扬，要谦虚、低调。记得1952年，妈妈带我去莫斯科探亲，回国路上整整7天，和一批我国留苏生坐一个车厢。他们很喜欢逗我玩，听我讲俄语，又时不时地设法探出我这个中俄混血小姑娘的家庭背景，但9岁的我坚守"秘密"，守口如瓶，没有讲出爸爸的名字。问我："你爸爸是干吗的？"我只答："他是个机关干部"而已。

知识分子的情怀

1963年在北戴河，美国著名记者安娜·路易斯·斯特朗来我们家做客，与爸爸畅谈，回忆起1927年她和爸爸相识的情景。当时在武汉正召开全国第四次劳动大会，斯特朗做现场报道。据她讲："当时我就发现李立三与众不同，很有特点。我此前采访了好几位工会领袖，还为他们拍了照。他们所有人都愿意以红旗和革命标语为背景，摆出雄赳赳的姿势照相，唯独李立三把我拉出会场之外，带到幽静可爱的小花园里，选择了盛开的鲜花为背景。他表情轻松，笑容可掬，事后我就同别人说：'李立三虽然是工人运动的领导人，但他很有知识分子味道。'"

初心如磐

的确，爸爸在很多方面始终保留了知识分子的情趣。他爱花草，爱生活中的美。1949年北平（北京）解放后，我们住进了东单一个小独院，爸爸就亲自带领警卫人员和我们全家人在房前房后种上了花木。小树很快长了起来，开花结果。春天，爸爸亲手折下芳香扑鼻的丁香或绯红鲜嫩的海棠，插入花瓶献给妈妈或摆在书房观赏。秋天，他又动员我们高高兴兴地在院子里采摘红扑扑的石榴。每逢这种时候，爸爸总是童心大发，格外愉快，尽情回味着孩儿时代的欢乐。

1949年夏，同大哥李人纪（右一）游览颐和园

爸爸兴趣广泛。业余时间，非常喜欢和全家人一起外出参加各种文化活动。20世纪50年代后半期，他的工作逐渐减少，空闲时间多了起来。他经常和我们一道外出看芭蕾舞等歌舞表演，观看体育比赛，参观美术展览和工业展览。有时候还把我们带到工厂、车间，让我和妹妹自小了解生产情况和工人的辛勤劳动。最难忘的还是和爸爸一起散步，如今到颐和园、北海、中山等北京著名公园，我仿佛又能看见爸爸的身影。他步履稳健、精神焕发，一口气能步行一两个小时。他挎着妈妈的胳膊，我和妹妹依偎在他们身边，边走边谈。爸爸对孩子们从来没有训人的口气、严父的面孔，反而鼓励我们反问、插嘴、提问题，平等参与对话。别人家的孩子羡慕地说："你们家真民主呀！"爸爸和我们交谈的话题，不限于学习成绩和学校生活，更多的是天南海北，从政治到文学，从历史到科技，无所不及。他很关心我们读什么课外书、有什么读后感。记得，五六年级的时候，他得知我正在看科普读物《太阳及其一家》，就叫我向他和妈妈讲述本书内容，一

1955年初，母亲李莎带着我和妹妹雅兰在颐和园（李立三摄）

起讨论地球之外有没有生命的问题，憧憬着人类飞向宇宙的美好未来。晚上，在公园里望着繁星密布的天空，他认真地向我询问：这颗星叫什么名字？那颗星离地球有多少光年？我一一回答，心里感到非常得意：知识渊博的爸爸还向我这个小学生"请教"呢！

爸爸孜孜不倦的求知欲、尊重知识、不耻下问的好学态度有力地推动了我和妹妹的读书学习。他那开阔的视野、全球性的胸怀引导着我们走出死板的学习圈，建立了多层次的知识结构。

从事俄语教学的妈妈希望我们姐妹也能从小流利地掌握俄语，便向父亲提出了要把我们送进北京俄罗斯学校的想法。父亲当即欣然答应，并说了一番语重心长的话："孩子在中国成长，我不担心她们学不好中文。如果能够同时掌握俄语，有两种语言的专长，将来定会是有用之才。"父亲配合妈妈营造了得天独厚的语言环境，让我们从小学习汉俄双语，接触两国文化。有了这个基础，后来我和妹妹就把一辈子的精力投入俄语教学与翻译事业，找到了实现自我的"用武之地"。实践证明，

初心如磐

爸爸确实看得远、看得准。现在每每想起爸爸的话，一股感激之情顿时涌上心头。

爸爸的理想

爸爸诸多的兴趣爱好中唯独缺失的是音乐。据他自己解释说，他天生五音不全，没有音乐细胞，可是有一首歌受到他特别的青睐。每逢五一劳动节的早晨，我们一起床，准能听见他的歌声。爸爸站在浴室的镜子面前，一边刮胡子，一边哼唱着："起来，饥寒交迫的奴隶！起来，全世界受苦的人！……"特别是唱到最后一句："英特纳雄奈尔就一定要实现！"他的声音变得格外高亢，铿锵有力，充满了必胜的信心。这首歌凝聚了他一生的革命理想，融合了几代人改变世界的决心和志向。

爸爸是名副其实的理想主义者。我曾经问过他："当初咱们家祖辈条件算是不错的，你为什么选择了革命道路呢？"父亲毫不犹豫地说："家

1954年秋，爸爸妈妈在无锡

庭处境没有逼我，但中国当时的局势那么黑暗，苦难深重，逼得我们这一代热血青年去寻找出路。"父亲认准了"只有社会主义才能救中国"这条革命道理，选择了方向，就坚定向前，从不动摇。

小时候，我们家的生活条件比较优越。然而，父亲非常注意教育我们不要沉迷于物质享受，不要靠父辈的功劳抬高自己，在学校要和同学们打成一片，毕业后要以普通工作者的身份投入工作。父母从来不谈金钱，不计报酬，不患得患失，讲的只是工作、学习、奉献。我从小明白，父亲的待遇是工作需要，服务员不是服务我们孩子的，公车也不是给儿女用的。1960年，我在苏联学校上完驾驶课，萌发了在家练车的想法。我想："多学一种技能有什么不好？"不料，父亲一听就皱起眉头说："这是公家的车，你怎么这样不懂事呀！"短短的一句话，让我无地自容。

20世纪60年代，爸爸在中共中央华北局任书记处书记，经常去农村、工厂，名为"蹲点"，实为调离领导岗位。对这种用意爸爸心里是很清楚的，但他毫不在意，总是以满腔的热忱去完成任务。60多岁的他撤下了家里的钢丝床，睡在农民的硬炕头上；放弃了南方人吃大米的习惯，和老乡们一道啃窝窝头。他化名李明，穿上破旧的军大衣，挨家挨户访贫问苦，嘘寒问暖，博得了老乡们的尊重与爱戴。民众的信任使他深感自豪，回家后高兴地说："现在有很多人纷纷来找我反映情况，简直是络绎不绝。"我说："他们可能知道你是谁，所以才找你。"爸爸说："不，我的身份一直没有暴露。我对华北局的同志们也约法三章，不许称我'李书记''首长'什么的，一律叫我老李。起初他们觉得不好开口，后来渐渐习惯了。老乡们也弄不清，只是觉得我这个人好接近，愿意和我说心里话，平时对我很随便，还给我起了个外号，叫'北京来的老头儿'。"说到这里，爸爸哈哈大笑起来："你们看，我当年隐姓埋名搞地下工作的经验还没有丢掉，又派上用场了。"

连续下乡，爸爸觉得收获不小。他说："过去我主要从事的是工人运动和城市地下斗争，新中国成立后也一直在城里工作，这次下乡机会难得，填补了我阅历上一大空白。现在可以说，我对中国农村有了一定的了解。你们也应该争取机会到农村去一趟。"为此，他曾考虑让我们利用寒假时间，和他一起"蹲点"，深入农村生活。妈妈有些不安，说："一般干部下乡是不准带家属的，你把女儿一起带去，人们会不会说你在搞特殊化呢？"爸爸一听就笑了："我带她去不是为了享福，为的是了解中国农民的生活。这种'特殊化'对孩子来说恐怕多一点更好。"

1964年五一劳动节，我和父亲合影

后来他得知学校要安排学生下乡锻炼，便高兴地勉励我说："能和同学们一道下去更好，一定要和群众打成一片，经受住磨炼！"我去农村后，他接连不断地来信，关心我的工作，告诫我："任何事情开始的时候，总是不容易的，慢慢有了经验，便会不觉得困难了。"又说："我一面很高兴，一面又有些担心，因为这是你第一次独立生活工作，经验不够，所以我希望你无论什么问题，都要反复思考，再下决心去做，才可以少犯错误和不犯大错误。在工作中犯错误是难免的事，因此不能怕犯错误而不敢大胆地去进行工作。但另一方面如果发现有错误，哪怕是微小的错误，就要勇于承认，并从中吸取教训。这是每个革命者成长和进步的最有效的办法。你觉得对吗？"现在想起这些诚恳的话语，我心中仍感到阵阵起伏，爸爸这也是有感而发吧？

知错能改，善莫大焉

1939年，爸爸出狱后和妈妈合影

"错误"这个字眼经常挂在爸爸的嘴边，他从不隐晦自己历史上是有错误的。犯的是什么错误呢？当我稍晓人世时，爸爸就亲口给我介绍说："是'左倾'错误。'左倾'就是急躁病、幼稚病。当时我的确很幼稚，巴不得革命早日成功，在中央工作的时候，下达了许多错误的指示，给革命造成严重损失。"爸爸怎么会这样呢？妈妈又进一步作解释："你爸爸性子急躁，当时又很年轻，刚刚30岁，没有经验。年轻人最容易犯错误。"爸爸笑了笑说："是呀，列宁讲，年轻人犯错误，连上帝都要原谅的。不过应该说，我当时比较主观、固执，听不进同志们的意见，也是犯错误的原因之一。"历史上的错误让他吸取了许多教训，总结出一些规律。他常说："错了就要承认，改了就好。只有死人和未出生的人才不会犯错误。""错误往往是因为没有把问题看清楚。许多事情就是这样：一开始不容易看清楚，随着事态的发展，才能看到事物的本质。"

爸爸这种乐于承认错误、改正错误的态度，他的坦荡、真诚、为人光明磊落，给我们树立了生动的榜样，一直感召着我们。

爸爸和妈妈

爸爸和妈妈是20世纪30年代初在莫斯科相识的。爸爸身在他乡，举目无亲，和妈妈相遇相爱，给他增添了生活的勇气和力量。妈妈正是豆蔻年华的少女，比爸爸小14岁，但她不顾年龄差距，也不在意爸爸此前有妻儿，决然嫁给了他，爸爸为之十分感动。特别是他蒙冤坐牢的时候，妈妈拒绝和他"划清界限"，走遍莫斯科各个监狱，终于找到他的下落，并想方设法给予他生活上和精神上的支持。这一段苦难的经历，使两个人的心贴得更近了。

妈妈来到中国后，爸爸一直关爱她、体谅她。他自己在国外客居十多年，深深懂得一个外国人要融入陌生社会、接受异国文化是多么不容易

1954年，爸爸妈妈在南京

的。他认可妈妈遵照俄罗斯习惯安排家庭生活、营造俄罗斯文化环境。有人对此不理解，爸爸就耐心地解释说："这些都是生活细节，属于民族风俗习惯，应该受到尊重。"这种文化包容的宽厚态度使我们家成为名副其实的"国际家庭"。来自湖南的奶奶与来自莫斯科的姥姥同桌用餐，虽无法用语言沟通，两位老人总要紧紧地握着手，用目光来相互表达亲切友爱之情。

20世纪50年代末到60年代初，中苏两党两国关系每况愈下，严重波及我们家。妈妈多年来一直保留苏联国籍，有些人开始对妈妈另眼看待，爸爸自己也觉得不便，很少带她参加公共活动。1959年夏天，康生借庐山会议之机，开始散布"李立三是里通外国分子"的谣言，心怀叵测地掀起了一股黑浪。有些人也想浑水摸鱼，给中央递上了诬告信，爸爸的处境就更加恶化了。

1962年秋天的一个夜晚，妈妈和妹妹都已入睡，我在客厅里独自看书。突然间，爸爸走进屋来，表情严肃，惆怅不安地对我说："英娜，我

想和你谈一件事。"我感到事情非同小可，爸爸还从来没有用这种口吻和我说过话呢。看我默默地点了头，爸爸便把情况一五一十地讲述给我，说是中央一些领导同志找他谈话，劝他和妈妈离婚。爸爸难以抑制内心的激动，向我讲述："我和你母亲共同生活了26年，经历了许多磨难，在苏联坐牢的最困难时期，你妈妈丝毫没有动摇。她一直支持我，相信我，为了我，她离开了祖国和家人，我现在怎能抛弃她不管，我不忍心呀！"说到这里，爸爸止不住心里的痛苦，声音都颤抖起来。他沉默了片刻，又继续说："还有，现在有人怀疑你妈妈是苏联特务，这纯属污蔑，我完全了解她，已经向中央担保她没有任何政治问题。既然这样，我就更不能和她离婚。一旦离了婚，个人感情且不说，不就等于在事实上承认她有问题？你说我能这样做吗？"

1965年7月，父亲带我们到上海拜谒鲁迅先生墓

初心如磐

为了说明妈妈的政治情况和他们两人的关系，爸爸多次给中央写信，同中央领导同志谈话解释。同时，他还不断做妈妈的工作，并动员我帮忙，终于说服妈妈放弃苏联国籍，于1964年9月经周恩来总理批准加入了中国国籍。妈妈走出这一步，始终没有懊悔，她确实把中国当成自己的第二祖国。这样她就成为中国公民，留在了爸爸身边。

然而，爸爸的处境并没有因此而有所改善。"文化大革命"前几年，他基本上不再担任领导工作了，转而把工作热情放在基层上，力争在有限的范围做出最大的贡献。当时有许多事情使他忧虑，有许多苦衷他只好埋在心头。他的笑声越来越少了，人也逐渐消瘦了。常常吃过晚饭，久久地伫立在走廊，埋头玩弹子游戏。他双眉紧锁，神情抑郁，不断地发出长长的叹息，显然不是在游玩，而是在沉思。多年来老革命家的敏锐让他觉察到：山雨欲来，风满楼！

孤军作战，奋斗到底

1965年夏天，爸爸利用假期带我们全家去南京、上海、南昌等地参观旅游。临行前，爸爸有说有笑，上车后却忽然收住笑容，拉着我的手说："说不定，这是我们全家最后一次这样欢欢乐乐出去度假。明年或许就不可能了。""为什么？"我不解地问。"弄不好，明年的形势会发生意料不到的变化，急转直下。"这句话吓了我一跳，但看着爸爸忧心忡忡的神情，我不敢再问下去。后来证明他这种不祥预感是有道理的，第二年"文化大革命"爆发了。

1966年6月上旬，爸爸被勒令停职反省，他要求说明原因，却没有得到任何答复。他不甘心退出政治生活之外，仍然主动关注形势，渴望参加运动。7至8月间，他经常去各大专院校阅读大字报。有一次他来到我们北京外国语学院，同学们认出他，把他围起来，指着"老子英雄儿好汉，老子反动儿混蛋"的标语，问他有什么看法。爸爸一笑置之："你们自己去考虑吧。"但在家里他毫无保留地表示："这种口号站不住脚，果真如此，那么我们许多老干部，包括我本人在内，都是剥削阶级家庭出身，却走上了革命道路，该做何等解释呢？"

面对群众对他本人的指责，爸爸一如既往，用自我批评的态度来对待，没料到，反而招来了"避重就轻""掩盖问题实质""蒙混过关"等更多的非难。尤其使他恼火痛心的是，他亲手培育的我们这些晚辈也对他的检查投了否定票，要求他进一步"触及灵魂""挖出剥削阶级出身的阶级根源"，等等。当时我们几个孩子听从他的话，一个个积极参加运动，受到了"极左"思潮的裹挟，反过来群起而攻之，做法很偏激，我们把"凡是错误的思想，凡是毒草……"的语录贴在爸爸的书房，把他给激怒了。他愤然摘下标语，大声反驳："我不是毒草，也不是牛鬼蛇神。我是几十年投身革命的共产党员，不许你们横加污蔑！"接着，他挥笔写出8个大字："坚持真理，修正错误"，高高地贴在门上，作为自己的座右铭。

1966年8月，最后一张全家福

这样，我们几个子女在感情上开始和他疏远了。翻来覆去"上纲上线"的批判，接二连三凭空捏造的"帽子"，加上子女的受蒙蔽，使爸爸产生了越来越浓厚的孤独感。现在，他只有和妈妈相依为命了，但即便在这种恶劣环境下，父亲依然坚信党和人民最终会对他作出公正的结论。得知有些同志因惨遭迫害而自杀的消息，他斩钉截铁地表示："你们记住，我是绝对不会自杀的。我一定要坚持斗争到底！"在批斗会上，他承认自己犯有"立三路线"及其他一些缺点错误，但听到人们呼喊"打到反党、里通外国分子李立三"的口号，他就拒绝举手应和，哪怕惹来一连串新的非难、咒骂也绝不屈从。

爸爸亲身经历了党史上许多重要事件，和许多领导同志共过事，造反派组织把他看成"活档案"，希望借他之口获取"炮轰"老一辈无产阶级革命家的"炮弹"。这真是一场严峻而特殊的考验：客观公正，定会招灾；委曲求全，又会丧失原则。现在保存的调查记录可以证明，爸爸至死也没有拿原则和人格做交易。他说："我只能客观介绍某某同志在哪里工作过，做了些什么事等。尽管这么谈，使造反派很失望，没有得到期待的材料，对我的批斗加码，但我不能昧着良心说瞎话呀。"1967年1月某"造反"组织来调查刘少奇同志的问题，爸爸顶住巨大的压力，坚持作证说，他和刘少奇共事的三个时期都没有发现他有什么问题。

1967年6月19日，一群身份不明的人闯进家里，强行把爸爸带走，关进私设的牢房。时隔3天，爸爸就被迫害致死。这个不幸消息我和妹妹是在2年以后、妈妈是在9年以后才知道的。爸爸死后，在他卧室的褥子下面发现了致毛泽东同志的一封未写完的信。信中爸爸列举了所谓"批斗李立三联络站"加在他头上的罪名，一针见血地指出："这些捏造的罪状，绝不是群众的意见……有人说这是中央文革批准的，我开始时是不相信，现在想，如果没有中央文革批准，怎么能成立这么大的联络站。如果中央文革真有人看了这个公告而批准了的话，这真是抹杀历史，歪曲事实，颠倒黑白，混淆是非，给一个忠实的共产党员加以莫须

1954年，父母在南京

有的滔天罪名，这真是我无论如何也想不到的。"这铮铮作响的话语是对江青、康生、陈伯达所把持的"中央文革小组"的强烈控诉，是爸爸在生命最后时刻发出的愤怒的呼声！

爸爸的生命终止了。他走得太早，没有看到笼罩中国大地的黑暗最后被驱散，正义终于战胜了邪恶。中共十一届三中全会以后，爸爸的名誉得到了恢复，党对他历史上的功过做出了公正的评价。1957年爸爸曾经给毛泽东同志致信表示："希望将来'盖棺论定'的时候，能够博得党的一句好评：'李立三虽然犯过严重错误，还是一个能够真正改正错误的忠实党员'。"经过多少风风雨雨，爸爸这个微小的愿望总算实现了。

爸爸，峥嵘岁月滚滚向前，历史的教训使我变得成熟了，我有许多话要对你说，有许多事想得到你的原谅。现在我只能用无尽的思念给长眠的你送去一点女儿的温暖！

简 历

汉斯·米勒（1915—1994）

汉斯·米勒，内科专家。1915年生于德国杜塞尔多夫。1939年获得瑞士巴塞尔大学医学博士学位后，与宋庆龄领导的"保卫中国同盟"取得联系，冲破重重阻碍，奔赴延安，投身中国人民的抗日战争和解放战争。曾任延安和平医院门诊部主任、晋东南国际和平医院医生、第十八集团军（即八路军）卫生部流动手术队队长兼129师医务顾问。新中国成立后，曾任长春军医大学附属医院院长、教授，沈阳医学院第二附属医院院长兼儿科系主任，北京积水潭医院教授，北京医学院副院长、教授。1950年加入中国国籍。1957年加入中国共产党，是第六、七、八届全国政协委员。1989年被国家卫生部授予"杰出的国际主义白衣战士"称号。1994年12月4日，在北京逝世。

中村京子（1930—）

日籍局级离休干部。1930年出生于日本福冈县。1945年考入"满铁"医院护校来华学习，同年8月在锦州加入八路军，先后在晋察热辽军区后方医院和前线手术队参加战地医疗工作，经历了东北解放战争和整个辽沈战役。1949年随部队解放天津后，在晋察热辽军区司令部卫生所工作。期间与汉斯·米勒相识、相恋，结为夫妻，又随米勒一起转业，在东北工作十几年，1962年随米勒调到北京积水潭医院工作。1991年离休。现为中国宋庆龄基金会理事。

童年的记忆

◎米　蜜

有着德国爸爸、日本妈妈的我，1950年出生于中国吉林省长春市。我的家庭背景与众不同，但我的爸爸、妈妈和中国人民一样，参加了抗日战争和解放战争，战争结束后，他们又投身到了建设一个新中国的工作中。在我的印象里，他们没有国界的概念，全心全

20世纪50年代，爸爸和我在沈阳

意地服务于自己选择的目标，认真负责地过着他们的人生。1994年12月4日，爸爸因心脏病去世，他那刚正不阿，严于律己，勇于担当的一生，让我为自己有这样的爸爸感到自豪！

不同的教育方式

1961年夏天，爸爸出院后住进了友谊宾馆，妈妈回到沈阳接上我把家搬到了北京的友谊宾馆。那时妈妈每天到积水潭医

院上班，吃晚饭前才回来。爸爸的身体在恢复中，印象里每星期爸爸有几个上午去积水潭医院上班。我们和爸爸在一起的时间比在沈阳时多多了。爸爸不像妈妈那么严厉，管我们不那么严格。好像从没问过我们做没做作业呀，在学校里怎么样啊。但原则问题他是很在意的。我们家有个规矩，无论父母还是孩子做错了事是要道歉的。这个规矩说着容易，做起来就不那么容易了。有一次妈妈冤枉了我，按规矩她该跟我道歉，但是她不道歉。于是我就不跟她说话，也不听她的话。过了两天吧，妈妈急了，找爸爸告我的状。爸爸说，你冤枉了她，可你不道歉，她不理你，不是她的错。妈妈后来道歉了。爸爸曾经教我说英文。有一次，单词"exercise"我就是念不好，他越教我念，我越念不好，后来爸爸发脾气了，好像是说了我笨一类的话。晚上睡觉前，爸爸到我房间，来跟我说对不起。他说他不该没有耐心，跟我发脾气，说不好听的话。事情过去几十年了，但是一想起这件事，我心里还是暖暖的。爸爸给我做了榜样，我学会了说"对不起"！

20世纪60年代，在北京友谊宾馆

"文化大革命"前友谊宾馆常会组织观看一些演出，芭蕾舞剧、歌剧、音乐会、话剧、综艺表演等。爸爸总是希望我能跟他和妈妈一起去观看。我说"希望"，是因为爸爸不强迫我和他们一起去，他尊重我的选择。虽然那时我还是个孩子，在妈妈那儿我没有太多的自由，但是爸爸尽量给我自由的空间。这也许就是教育方式的区别吧。

我11岁的时候，得了肝炎。爸爸认为我该待在家里好好休息，可是妈妈不愿意。她要我去上语文、算术课，其他不重要的课程，像音乐、体育、图画、毛笔字等不去上，在家里休息。这样下来肝炎也慢慢好了。到了12岁上六年级的时候，我的肝又大了，正是要考中学的时候，妈妈当然不同意我在家休息，还是按上次得肝炎时的办法去做。上初中一个月后，我的肝大四指，很严重，妈妈还是要按着前两次的办法干。这次爸爸说话了，坚决不同意，一定要我在家休息，什么时候好了什么时候再返回学校。这一休，就休到了第二个学期。按规定我是应该休学的，可妈妈找了很多理由让我回到班里去当旁听生，她怕我玩儿野了以后不好好念书。学校同意了我回班旁听，妈妈又开始给我找私人老师补各门课，她想尽一切办法要我把第一学期的功课补回来。那时候我很喜欢钢琴，妈妈说你只要能把功课都补回来，我一定给你买架钢琴。为了钢琴，我也真是努力了，可是那么多门课，还要学新课程，哪那么容易补呀？我在爸爸那儿时不时地发牢骚、说怪话。每次爸爸都放下他的书，听我唠叨，但他不说什么，等我唠叨完了，他再继续看他的书。终于有一天，爸爸说话了，他说他跟妈妈商量了，学钢琴跟我补功课不是一码事。如果我是认真要学钢琴，他们会给我买架钢琴，但我必须保证好好地学，不做半途而废的事。当时除了高兴没有其他什么感受，现在回想起来，真觉得他是个好爸爸，好丈夫。

衣食住行在爸妈那儿也是要遵守规矩的。在友谊宾馆时我们在餐厅吃饭。一般是孩子们聚在一块儿吃，有时也跟爸爸妈妈一起儿吃。一次和爸妈一起吃饭，订了一份小肠配煮土豆，我从小就不喜欢吃肉，所以就打算先把小肠吃完后再吃喜欢的煮土豆。刚吃了几口，爸爸就对我说："你要吃一块小肠，再吃一块儿土豆。"我说："我不喜欢吃小肠，一下子吃完了，我再吃我喜欢的土豆。"爸爸说："不能这么吃的。"我说："都吃了不就行了吗，你管我怎么吃呢？"爸爸说："按规矩吃或是不吃。"我说："那我就不吃。"站起来就离开餐厅回家了。后来妈妈还是把我那份饭带回家来让我吃了。一次在一个英国女孩家说起我和爸爸因为怎么吃饭在餐厅闹意见的事，朋友的爸妈说，德国爸爸就是严格，不按规矩做是不行的！看来德国人遵规守纪的作风在欧洲是闻名的。在爸妈严格的调教下，我和弟弟在吃饭的规矩，穿衣服的搭配，待人接物的举止言谈方面，可以说是"训练有素"了。

日本妈妈

1964年春天，我们离开友谊宾馆搬到了地安门的一个四合院。妈妈说的一句话我至今记忆犹新："可搬家了，再住下去，我的两个孩子都要学坏了。"我和弟弟都不愿意搬家。那时候友谊宾馆的孩子可多了，来自很多国家。这么多的孩子在一起玩儿，除了开心，时不时地就要惹祸。惹的祸大了，就得家长去领回自己的孩子。开始我俩还不在被领回家的孩子中，到后来我俩时不时也要被领回去了。爸爸不觉得有什么大不了的，孩子哪有不淘气的。妈妈觉得孩子要学坏啦，天要塌下来了。我和弟弟就是在这两种文化中成长着。

地安门家周围的邻居不再是老外，妈妈时不时地提醒我们，记住，咱们不是外国人，是中国人，你俩要像中国孩子一样。我和弟弟有时出去看电影，妈妈要求我们乘公共汽车。一次时间紧，妈妈就让我们坐三轮车去。去的路上路过一个有坡的桥，我和弟弟不好意思坐在三轮车上，下来帮着把三轮车推到坡顶，再又上了三轮车。回到家我告诉妈妈上桥时推三轮车的事，后来，我再没坐过三轮车。前几年有人采访我们后，妈妈告诉我，当年我和弟弟推三轮车的事，让她挺欣慰的。

1965年，全家在地安门的新家

妈妈一直是上班族，家务事由一位阿姨来做。妈妈要求我和弟弟要绝对尊重阿姨，不可以对阿姨指手画脚。一搬到地安门妈妈就把这个要求跟我俩明确提出。我俩无权评论阿姨做的饭菜，无权指使阿姨做这做那。对阿姨有什么要求，一定得通过妈妈。其实我和弟弟一直跟阿姨相处得不错，紧要关头阿姨还会帮着我和弟弟在父母面前说好话。那时妈妈的苦心我们很明白，她怕我俩养成高高在上，不尊重人的坏习惯。

20世纪60年代，我和弟弟在北戴河

　　妈妈是药剂师，工作非常认真负责。在药房工作每个月有一个星期日是要加班的，因为爸爸身体不好，药房加班就没安排妈妈。她不同意这么安排，一定要按规定星期日加班。我那时已经14岁左右了，妈妈教会了

20世纪50年代全家福（一排左起弟弟、我，二排左起妈妈、陈阿姨，三排左起爸爸、司机毕叔叔）

我打针，万一爸爸的食道痉挛病发作，我就可以给爸爸打针。结果说什么来什么，一次妈妈加班，她刚走一会儿，爸爸的食道痉挛发作了。阿姨听到爸爸摔倒在地，急忙来敲我房间的门，我跑出来看到爸爸倒在地

上，他艰难地说："打针！"我就明白了，跑到爸妈的房间，拿出妈妈准备好的注射器和止疼药，把药抽进针管，稀里糊涂地给爸爸的大腿上就打了一针。这一针还真管用，过了一会儿，爸爸的食道痉挛就止住了。这时候我弟弟也来了，我俩和阿姨一起连拽带扶地把爸爸送到了床上。看着爸爸睡着了，我给妈妈打了个电话通报情况。妈妈听说爸爸已经睡着了，也就放心了。妈妈教会了我打针，可是我给爸爸就打过这么一针。

"洋白劳"和"喜儿"

1966年6月，"文化大革命"开始，学校都停课了，贴大字报，批斗校领导。我正好赶上阑尾炎开刀，住在积水潭医院。同学们来看我，给我讲了学校里的情况。我急着想出院到学校里去看看，校领导怎么能被批斗呢？不可思议！终于可以出院了，我告诉妈妈给我从家里拿朴素的衣裤来，我要直接回学校。妈妈却给我拿来了一条大花裙，穿上它我根本去不了学校。气也没办法，只好老老实实回家。过了一段时间我明白了，妈妈给我拿了大花裙是因为爸妈不希望我去学校凑那种热闹。一天爸爸把我和弟弟叫到面前，拉着脸极其严厉地说，你们两个听好了，谁要是敢在外边动手打人，就永远不许再回这个家！这辈子唯一的一次看到父亲如此的严厉，说出如此的重话！后来，听说我的朋友有的已无家可归，心里好害怕。我把我的恐惧告诉了爸爸，他说："你身外的一切都有可能被夺走，但是这里边的东西（他指着自己的脑袋）没人能拿得走"。就是这一刻，我决定了，这辈子一定上大学。

一天傍晚，妈妈突然把我叫到爸妈的卧室，她说："伯伯家被抄了，下一个就是咱们家了。"她打开书桌的抽屉，我看到里边的钱，妈妈对我说："这些钱够你们过一段时间的，不够的话可以卖家里的东西。你们和幼马（马海德伯伯的孩子）搬到一起过日子，在伯伯家也行，在咱们家也行。如果学校给你们开斗争会，你们绝不能低头，你们的爸爸妈妈从没有做过对不起中国人民和中国共产党的事情。"妈妈的坚强也感染了我，没有一滴眼泪。事情的发展没有想象的那么糟，抄伯伯家的所谓造反派也很快得到了处罚。

生活中的点滴事

爸爸下国际象棋不是一般的好。友谊宾馆曾经有一位奥地利来的专家，他曾获得过奥地利国际象棋冠军。爸爸和他下棋，不相上下。想不起来什么时候了，我怎么就开始跟爸爸学国际象棋。时不时爸爸教我一些诀窍，几步就可以把对方置于死地。学了很久，和爸爸下棋我也从来没赢过，爸爸也记不住他都教过我什么诀窍。一次，在爸爸没有防备的情况下，我出其不意用他教我的诀窍赢了他。高兴得我到处蹦跶，爸爸非常懊恼地看着那盘棋。我跟爸爸说，我再也不跟你下棋了，我赢了你一辈子！后来爸爸叫过我好几次，要我跟他下棋，我就是不跟他下。有个周末，妈妈也在家，爸爸实在是想下棋吧，拿着棋盘棋子到我房间来，我还是拒绝。妈妈看不下去了，她说："你跟爸爸下吧，他都拿着棋盘棋子找你去了，你好意思吗？"是不好意思，那就下吧。当时我就说，肯定赢不了了，我得输给爸爸一辈子！还真是这么回事，我再没赢过他。看到这儿，有的人可能会想，爸爸怎么和女儿争输赢？当爸爸的应该让着女儿才对呀。我爸爸不这么认为。爸爸尊重我，我们之间是平等的。在他眼里我是一个强者，不需要他的怜悯。我要赢，就凭自己的本事去赢，而不是靠他的施舍。

爸爸的中国象棋也下得很好，他看不懂中文，可是中国象棋的字他全认识。天气好时，爸爸有时会到什刹海边上去跟人下象棋。一次都到吃晚饭的时间了，爸爸还没回来。妈妈让我去找。到了什刹海边上，我看到有一大圈人，爸爸肯定是在那儿。果不其然，他在和一位老先生下象棋，旁边这一大圈人都是观战的。看那架势像是爸爸要赢了，我也蹲下来看。没过多久，爸爸赢了。那位老先生不放爸爸走，非要再下一盘。我猜他接受不了玩中国象棋输给一个老外吧。爸爸说我得回家吃饭了，明天下午我再来跟你下。第二天下午，爸爸还真守约去下棋了。

1964年，我们刚搬到地安门时，邻居跟我们挺拘束的。爸妈碰到邻居一般都主动打招呼，过了一段时间就好了，大家成了真正的邻居，他们都知道爸妈在医院工作，有什么急病就来找爸爸，半夜三更的爸爸也一定去。有一次爸爸又去给邻居看病，他只能临时处理一下，邻居必须去医院治疗。爸爸先让我回家打电话叫出租车（那时我们住的那一片，除了公用电话，只有我们家有电话），又安慰了一下家属，就回家来了。没过多久，邻居又来按门铃，说是出租车来了，但是他拒绝拉病人去医

1984年，爸爸回到根据地，与当年的房东申邦治重逢

院。爸爸觉得很奇怪，就去找出租车司机问个究竟。司机说，出租车只拉外宾，不拉内宾。因为是我们打的电话，否则他根本不会来。爸爸气坏了，不过他脑子转得很快，他说："这是我的朋友，他病了，我请你把他送到医院去。是我要用车。"司

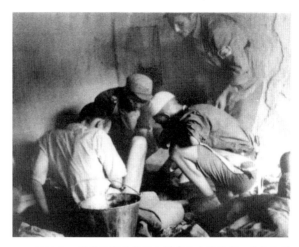

1941年，抗战时期米勒医生蹲在地上做手术，抢救八路军伤员

机没话说了，拉着邻居去了医院。在爸爸的眼里，病人高于一切。治病救人是他的职责，他不会允许病人再受到其他的伤害。

那时我一天到晚玩得挺开心。爸爸着急了，学业全耽误了！有一天他跟我说，玩得差不多了，该学点东西啦，总不能玩儿一辈子吧。可我真不知道学什么好，爸爸建议我学英文。他给我找了个英文非常好的老师。记不清每个星期上一次还是两次课，但这绝对是一生中爸爸给我的最关键的建议！这辈子我要是没有学习英文的话，绝不会有今天的好日子过。

在原则性问题上爸爸是非常严厉的，犯了错误，光认错不行，一定要明白错在哪儿。我们可以和他辩论，却不可以蒙混过关。弟弟和我的性格完全不同，他内向，很有自己的主意。我外向，大事是和爸妈商讨的。有时候因为某些问题观点不同就和爸爸辩论，也可以说是吵吧。弟弟跟我说了多次，爸妈让你干什么，先答应下来，你干不干他们怎么知道？我不同意，答应了就得做，不做就不能答应。弟弟说，那你就慢慢和爸妈吵去吧。一次弟弟犯了错误，爸爸找他谈话，他心里不服，可他不反驳，爸爸怎么说怎么是，他想混过去。爸爸不满意，非要他明白自

己错在哪儿，苦口婆心地给他讲，最后弟弟被爸爸说服了。

　　只要不是原则问题爸爸没脾气。一次就我和爸爸在家吃饭，开饭晚了，我们坐在客厅等着吃饭。爸爸看他的书，我很无聊。突然我想给爸爸画胡子，他最讨厌胡子巴茬的，每天都剃得干干净净的。于是，我取了妈妈的眉笔，跟爸爸说："不影响你看书，让我给你画胡子吧，看看你有胡子是什么样。"老爸愣了一下，挺无奈地同意了。画完了胡子，我又给他画眼镜，他只好停下来不看书了。画完正在看结果，阿姨来叫我们吃饭。她看见爸爸的脸被我画的黑乎乎的，吓了一跳。我笑得说不出话来，阿姨拉着脸说，哪有这么欺负爸爸的？你爸爸也真是好脾气，由着你造。这件事印象深刻，特别是阿姨的那两句话对我触动挺大。随着年龄的增长，我明白了，爸爸能如此的"由着我造"，有可能是他对我严格要求的补偿。我们除了爸妈没有其他亲属在身边，爸爸严格要求我们的同时他也是个慈祥的父亲，所以他没有拒绝我的过分要求。

　　爸爸对我们的学习成绩不像妈妈看得那么重，只要及格就行。他更

1984年，爸爸妈妈在天安门国庆观礼台

1992年，全家福

注重对我们人品的教育。诚实正直非常重要。无论我们犯了多大的错，只要不撒谎，实话实说，他都可以原谅。在很小的时候我就知道不可以撒谎。

爸爸几乎不谈他的家世。我知道爸爸是独生子，在瑞士巴塞尔大学获得了医学博士学位后，1939年去了延安。爷爷是德国的犹太人，奶奶是德国的日耳曼人，二战后爸爸与他的父母失联了。妈妈和她的父母有书信往来，时不时我会听到妈妈讲她家里的事。一天吃晚饭时，不知道我的哪根筋转错了，冲口而出，爸爸，你是独生子，你的爸爸妈妈不知道你在哪儿，他们会怎么想？爸爸停住了吃饭，看了我一眼，一句话也没说，又接着吃饭了。我也蒙了，我怎么想起问爸爸这种无法回答的问题？好后悔！直至今日，想起这件事我还深感愧疚！我再也没跟爸爸提起过爷爷奶奶。

上中学后，学校曾多次邀请爸爸到学校去讲战争岁月的故事。爸爸

爸爸妈妈相濡以沫（1980年）

从来不去。他总是说，我们吃苦是为了你们不再吃苦。现在生活好了，还提过去的那些事干吗？当年听到这番话，只把它当作是给学校的答复，没想过它的深意。现在回想起这番话，却让我很伤感。爸爸是个正义感很强的人，心地善良，热爱生活！他不愿提起那残酷无情的岁月，把悲哀深深地埋在了心底。

我的父母对我和弟弟没有很多的说教，他们用日常行为影响着我们。让我学会了诚实、正直、善良这些做人的基本道德准则。在我离开父母进入社会，走在自己人生的道路上时，更让我体会到了这些基本道德准则的重要性。

回想自己的成长历程，心里甜甜的，没有缺憾。只可惜当我意识到那时的生活是多么幸福时，我已经离开了那充满温馨的家。在此感谢父母的养育之恩，若有来世，还愿做他们的女儿。

米勒加入中国国籍和中国共产党的故事（编者续）

一、裤兜里的入籍证明

汉斯·米勒1915年生于德国杜塞尔多夫，为了躲避纳粹的迫害，离开家乡来到瑞士巴塞尔，1939年获得巴塞尔大学医学博士学位后，与宋庆龄领导的保卫中国同盟取得联系，当年9月，经廖承志和爱泼斯坦介绍到延安，将国外援助中国抗战的600箱医药用品和1辆大型救护车从越南海防送往延安，并投身中国的抗日战争、解放战争。

1950年，米勒担任长春军医大学第四学院院长。到任不久，抗美援朝战争打响了，随着战争的激烈进行，一批批伤病员送到长春救治，米勒和夫人中村京子又一次全身心地投入了抢救和治疗

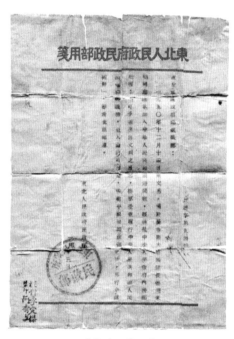

米勒的入籍证明

志愿军伤病员的工作。米勒听了伤员对美军暴行的控诉，到鸭绿江边看到美军对中朝国土的轰炸，加深了对侵略者的仇恨和中国人民的热爱，正式向有关部门提出来加入中国国国籍的要求。米勒的真诚和决心，迅速得到组织上的批准。

1951年1月13日，他被批准加入中国国籍，证明全文如下：

东北军区政治部组织部：

一九五〇年十二月二十四日来文悉。关于长春一大第四院长德籍米勒同志请求加入中华人民共和国国籍问题，经转呈中央人民政府内务部

批复："可予照准自文到之日起，得享受并履行中华人民共和国人民的权利和义务，至入籍许可证书，俟新中国国籍法颁布后，再行申请补发"，即希查照转达。

东北人民政府民政部（用印）

一月十三日

这份"民总字第九四号"证明是米勒一生的宝贝，几十年来被叠成整齐的小方块随身携带在裤子后面的裤袋中。

在艰苦的战争年代，米勒以忘我的精神和精湛的技术，救治了无数我军伤病员和人民群众。新中国成立后继续为新中国的建设和卫生医疗事业贡献自己的智慧和力量，特别是在对乙肝病的研究和乙肝疫苗研制及应用上立下功勋。1989年被国家卫生部授予"杰出的国际主义白衣战士"荣誉称号。

1972年，米勒任北京医学院副院长

在他离世前，还叮嘱夫人中村京子说："没有共产党，就没有我们今天的一切，中国共产党是一个伟大的党。我去世后，你也不要离开中国。永远不要离开中国。"

二、入党一波三折

米勒自1939年来到中国后，曾前后三次申请加入中国共产党。

第一次是1941年。他在延安休养所任所长，他的入党要求当时就被指导员婉言拒绝了，理由是"要请示上级"，可就再也没有了下文，其实是支部的同志对米勒的入党动机表示怀疑，有的人甚至认为，这个老外放弃优厚待遇，不顾危险来到中国，肯定是有目的的，要长期考验，认真调查。在米勒的一再追问下，只好说"共产国际有规定，外国人不

《两个洋八路的中国情结》

能加入别国的共产党。"

第二次是1948年。米勒找到党支部书记说："我在中国工作了已经近十年，请组织审查我的历史和表现。如果认为可以，请吸收我加入中国共产党。"但是他的申请和支部大会决议再次被上级否决，理由是"米勒不是中国公民，不能参加中国共产党。"

第三次是1957年。米勒调任沈阳中国医科大学第二附属医院院长后第一件事就是向党委书记递交了入党申请报告。医科大学党委书记李振志和基层党支部书记王纯正一起与米勒进行了谈话，询问了他的家庭、出身和经历，入党的动机和过程。米勒如实述说了自己寻求真理，寻找共产党走过的曲折历程和两次申请入党，两次被拒绝的遭遇。党委也认真查阅了他的历史档案，在中国革命最困难的时期，米勒和中国人民同甘共苦，抗击共同的敌人，长期劳累致病，差点命丧太行；在战斗中亲自参加作战，保护人民财产……李振志同志针对米勒来华参加革命近二十年，却没有一个单位给他做出历史结论的情况，做出了明确的结论，并表示愿意做弥勒的入党介绍人。

不久，经过支部大会讨论，一致通过了米勒的入党申请，米勒终于成为一名中国共产党党员。

注：资料选自米勒夫人中村京子口述《两个洋八路的中国情结》。

简　历

臧校先（1917—2013）

　　1917年5月生于山东省莒县枳沟镇后水清村（现属诸城）；1938年1月加入中国共产党；1939年1月参加八路军，历任工作团团员、交通员、妇女主任等；1955年转业，历任沈阳市和平区幼儿园园长、南市区妇女主任；1958年任沈阳医学专科学校图书馆主任；1981年5月离休；2013年12月病逝。

母亲臧校先

◎王　军

很多年前，母亲带着孙女上公园。

当五岁的孙女儿看见奶奶拿出一个证件就不用买票时，不知为什么突然大喊了一句："我奶奶还打过鬼子呢！"惹得周围人一阵笑声和注目……

2012年母亲病情危重时，进了ICU（重症监护室）进行抢救。这可能离她最后的日子不远了，泪水中我们准备了一切。但15天后，在进入ICU第一天就做了气管切开的她又回到了普通病房。这出乎意料的事让人们无一不赞叹这位老八路生命力的顽强。

从那以后，母亲数年卧床，再也不能"脚踏着祖国的大地"了。她似乎完全进入了一种秋水般的宁静中，但你总感觉到还有许多往事萦绕在她的大脑中，嘴唇紧闭时，显示出一丝坚强与刚毅；用家乡话呼唤她时，她的眉头渐渐舒展开来，凝重而安详的脸上，也会出现少见的愉悦和兴奋。

母亲清瘦的脸上，依稀可见容貌端庄，一双秀目中饱含着她人生的沧桑与历练，那眼神深邃、复杂，有怀念、痛苦、哀伤……但时下，却已安详。

1917年5月，母亲出生在山东诸城的一个叫水清沟的小村庄，与父亲所在的大北杏村相距不到七里路。水清沟地如其名，村子虽小，却山清水秀，也把母亲养育得眉清目秀。父亲的老战友们经常对我说："你母亲当年可是大美人咧！"

爷爷王尽美

我的爷爷王尽美烈士是中共一大代表、党的创始人之一。母亲从小就受到他的影响，懂得了不少革命道理，她21岁时积极要求入党，成为山东沂蒙地区抗大一分校女子队的学员，后来参加了日照工作团、妇联等，与父亲一起走上了抗日前线。

20世纪70年代一次回家乡探亲，母亲特意带着我走了一遍家乡的五莲山区，述说当年就是在这一带行军作战，动员老乡当八路，征集军粮、军鞋什么的，这里的沟沟壑壑对她来说都十分亲切。上抗大后，也是在这片山区连跑带颠地边读书边学习军事，晚上行军经常在半睡半醒状态下进行，睡觉时就找块瓦片当枕头。她们唱着"黄河之滨，集合着一群中华民族优秀的子孙"……《沂蒙山小调》《大刀进行曲》《三大纪律八项注意》等歌曲。她还说，因为一首苏联传过来的歌中描绘了革命一旦成功，家里就是楼上楼下，电灯电话，走到哪累了就可以住招待所，养了孩子可以送托儿所，等等，正是这"神话"般的情景，使得她和战友们无限憧憬，愿意豁出命去实现它……

我发现，母亲特别喜欢山。有一次跟着她到辽宁丹东附近的小市去疗养，是在山区。她特地嘱咐我："把你那笛子带着，到了山里，找个树荫一坐，吹吹笛子，多好！"

真想不到母亲还有这等情趣！

从小就听母亲说过许多往事，她讲时很平淡，如同唠家常，可我却能感受到其中的震撼。她曾非常认真地告诉我："等俺死了，可别放在什么堂里，怪憋屈的。你一定把俺送回五莲山，在那可以看山山水水，可以和战友乡亲们说说话，多好……"

大哥出生于1944年2月，那时正处于抗日战争的艰苦时期。由于战事倥偬，爹娘只能把大哥放在"堡垒户"寄养。可当时的"堡垒"条件又能好到哪去？能活着就不错了，结果大哥落下了风湿性心脏病。1948年，父母随着解放军的队伍进了大沈阳，条件也并没有好到哪去。当时实行的是供给制，每月的薪水除了买点牙粉、肥皂外所剩无几。母亲回忆说，大哥聪明伶俐，没上一天学却喜欢看书，父母口挪肚攒给他买的小人书，可以整整装满一个壁柜。可怜他到十多岁了，还不知水果何味。走在大街上看见有人扔的苹果皮、梨核什么的，便偷偷捡了起来，

20世纪50年代，母亲与我们4个子女在沈阳留的影（左起：姐姐王枫、母亲、作者王军、二哥王毅、大哥王德）

放在带盖的旧瓶子内，馋了就打开闻闻香气……

后来大哥病情愈加严重，爹实在无奈，为救孩子，进京直接找到爷爷的老战友、同为党的创始人的董必武。董爷爷二话没说，亲自安排北京协和医院接收大哥住院。

1958年春节前，大哥力劝在京陪护的爹娘赶回沈阳，照顾弟妹，欢度佳节。但春节烟花味尚未散尽，北京却忽传噩讯，虽经最好医生救治，无奈受限当时医技加之积病，十四岁的大哥就这样走了。

父亲去世后，我来到北京八宝山公墓给大哥扫墓，碑上的照片已经斑驳，但发型还在映衬着他的俊秀、儒雅、文静。想起安葬大哥时，母亲在北京八宝山哭昏过去数次，不免唏嘘。

母亲多年的军旅生活，使得她多种疾病缠身。她在一篇自述中写到"办理复员手续的时候，俺思想很闷，认为军队在规划，不需要女同志了，过去战斗，生死不负，但和平时期还应服从组织分配，淡出了好，加上身体有病，工作怕要耽搁。"大哥的病逝对母亲来说是巨大的打击，她强忍悲痛，在家人的体恤和帮助下，很快重新投入紧张的工作和生活中来，她不顾身体的虚弱，先后到沈阳军区干部文化学校和军区后勤文化速成中学学习，之后到沈阳市南市区妇联工作，于1959年到沈阳医学院图书馆任职，直至离休。

母亲在我心目中，是个了不起的人。

记得"文化大革命"初期，有一次我们住的大院煤气管道出了问题，没有人修理。正当各家为没有

1953年，母亲在北京留影

火做饭、愁眉不展时，母亲却说："这么点事儿，愁什么?!"说着随手抄起一把铁锹，带着我来到院里，找到一块空地，非常熟练地看了看风向，又在地上比画了一下，就挥动铁锹挖了起来，不一会一个标准的野战行军灶就展现在我们面前。母亲架上锅，又指挥我到处捡了点干树枝、废木板什么的，开始生火做饭……不知为什么，那几顿饭吃得就是格外香! 后来煤气管道修好了，但我还吵吵着要吃土灶做的饭，母亲笑了笑，就在那即将填埋的灶坑上面用土块一圈比一圈小的垒起来，直到封口，架火烧至土块半面发红时，扑灭了火，向坑内扔进去若干土豆，再把烧红的土块和一些湿土埋在土豆上面。过了一阵再启开时，那一个个土豆表面焦脆，一掰开里面却冒出湿乎乎的热气……那夹杂着湿土清香的味道令我记忆至今。

1996年6月2日，佩戴颁发的"中国人民抗日军政大学建校六十周年"纪念章

1969年左右，中苏边境形势紧张。当时，哥哥姐姐已经入伍，我还在学校读书，但也参加了挖防空洞之类的活动。家住的大院还搞了几次防空演习，各家老小都按统一的号令聚集到防空洞里，熟悉路线、固定位置等，一派备战景象。一次放学回到家中，忽然发现母亲强忍着腰疼，找来一堆不用的旧衣服、破布什么的，用开水煮过了，撕成一条条的，晾了起来。俺很奇怪，就问她这是干什么? 她一边整理着那些布片，一边说："这不是要打仗了吗，你哥你姐都能上战场，俺虽然端不动枪了，可照顾

照顾伤员还是可以的吧？俺准备些包扎伤口用的布条……"

"包扎不得用纱布吗？"我自认为在学校也学过一些战伤救护。

"你懂什么！打起仗来，什么情况都有，万一不够用呢？"

……

母亲是一个为劳苦大众奉献了一生的人，却从未跟人民索要过什么，即使祖辈是党的创始人之一，她这"红后代"也踏实地过着平凡的生活，直至去世她仍是副处级。

我知道，每个民族的历史长河中都有为国为民出生入死的人们，他们应该得到尊敬和景仰。

2013年12月16日，97岁高龄的她驾鹤乘风而去……

母亲，我们永远怀念您！

简　历

李强（1905—1996）

1905年出生于江苏常熟，原名曾培洪，字幼范，1925年加入中国共产党，五卅运动中成长为学生运动领袖，创立常熟第一个党组织。1927年任中央军委特科特务股股长、中央特科第四科科长。1929年自制出我党第一部无线电收发报机。1931年在共产国际交通部和苏联邮电人民委员会工作期间，所著《发信菱形天线》一书，受到苏联通讯科学研究院的高度评价，成为当时苏联七位著名的无线电科学家之一。抗日战争时期，先后任军委军事工业局局长，联防军军工局局长兼任延安自然科学院院长。解放战争时期，兼职于中央军委第三局、中央军委电讯总局等部门。1949年后任邮电部无线电总局和电信总局局长，同时担任中央人民政府新闻总署首任广播事业局局长。1952年任对外贸易部副部长兼任我国驻苏联大使馆商务参赞，参与经办了156个苏联援华项目。1955当选为中国科学院首批学部委员（后称科学院院士）。1963年兼任国家对外经济联络委员会副主任。1973年担任对外贸易部部长。1981年并任国务院顾问。

父亲李强二三事

◎李晓图

我的父亲李强，生活于中国从半殖民地半封建，经过新民主主义，走向社会主义的历史时期。他的一生，同中国人民的解放事业和社会主义建设事业紧密相连。

在这里只是讲述几件平日里的小事，但也可以从中看出他是一个兢兢业业、实事求是、尊重科学、热爱生活、正直善良、有情有义的人。

1923年，青年时期的父亲

一生不违党命

1931年5月，父亲奉命撤离上海来到莫斯科。在苏联通讯科学院工作期间，他深入研究无线电理论，用数学分析法对美国人制造的菱形天线进行论证。经过一年多的大量运算、推导，他用英文完成了无线电科学论文《发信菱形天线》，引起苏联通信科学院的高度重视，他的研究成果被称为"李强公式"，并载入苏联百科辞典中。不久，父亲被苏联通信科学院提升为研究员，成

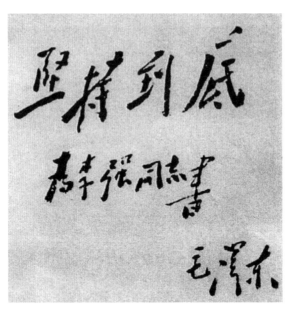

1944年5月，李强获"特等劳动英雄"称号，毛泽东同志为李强题词"坚持到底"

为当时苏联七位无线电专家之一。

1938年2月，父亲从莫斯科回到延安，先后担任中央军委军工局副局长、局长，负责领导边区的军工事业。那时物质基础很差，交通闭塞，原料物资和仪器设备严重匮乏。他几乎是从零开始，从小到大，一点一点建立起了边区的兵工事业。没有技术工人，就设法召集了一批造枪工人；缺少原料，就用铁路上的铁轨代替；没有铜，就收集废子弹壳；没有专用设备，就自己动手制造。

经过不到一年的努力，军工局制造出了近40台制造枪支的专用机床，并于1939年4月生产出了边区第一支七九步枪——"无名氏马步枪"，从此结束了兵工厂只修不造的历史，父亲重视军工生产技术总结，领导编著了《四一式山炮堂外弹道计算》《弹道计算表》等书籍。1944年6月，他兼任延安自然科学院院长。他大胆提出将学院和工厂结合起来，走科学研究和生产实践相结合的道路。

1944年5月，陕甘宁边区工厂厂长暨职工代表大会在延安召开，父亲获得陕甘宁边区"特等劳动英雄"称号。时任军工局长的父亲，作为军工系统唯一被授予该荣誉称号的局级干部，在欢呼声中接过毛泽东同志为他亲笔手书"坚持到底"的题词（原件收藏于中央档案馆）。会议发表宣言"要学习军工局长李强同志，他领导、计划、布置、设计，并亲自动手，推动和帮助了边区重工业的各种主要发明"，对父亲的工作给予了高度评价。

1949年底，时任广播事业局局长的父亲正在苏联签署中苏第一个通邮、通电的协定时，就被到苏联访问的毛泽东同志亲点要求改行做对外贸易工作，父亲当时下意识地回绝了。后来，他说："也不是说抗拒，当时毛主席猛然一问，没有思想准备。"

说服工作由同时在苏联的主管经济的政务院副总理李富春完成，他把父亲的行李物品搬到自己的住处，介绍了对外贸易工作的重要性，并摆出三条理由：一是父亲在苏联工作了6年，既懂俄语，又懂英语和德语，对工作有利；二是精通无线电并懂机械知识；三是懂一些经济、金融知识。在上海搞地下工作时，曾在交易所进行过期货交易。

1952年，父亲被任命为外贸部副部长（1952年至1956年担任驻苏副部长级商务参赞），由此开始了长达29年的外贸工作生涯。

中苏友好时期，父亲亲自经办了156个苏联援华项目。中苏关系破裂与苏联方面谈判时，他为保护国家利益据理力争。在

1975年9月2日作为中国代表团团长在专门讨论发展和国际经济合作问题的联合国大会第七届特别会议的全体会议上发言

我们的记忆中，他那段时间忙得不得了，苏联撤专家、撕毁协议那一阵，我们家经常深夜接到电话，父亲马上就得去中南海，这样的事有很多。

1966年，"文化大革命"爆发。那时，父亲还有一个鲜为人知的重要工作，就是担任援越领导小组的主要成员，周恩来把援越办公室设在外贸部，为了使外贸部的工作能正常运转，派解放军总参谋部、总后勤部等几位军方人员和父亲的军事秘书守在他办公室外间的秘书办公室，以便阻止造反派的胡搅蛮缠，保护我父亲不受冲击。所以"文化大革命"期间，我父亲没有一天停止正常工作。

1970年12月11日赴胡志明小道考察前，在河内附近同陈参少将观看越军炮架改造

有一天，跟随我父亲赴"胡志明小道"考察的越语翻译张汉森伤愈来家里看他。张汉森在一次美军B52轰炸机中中弹负伤。他告诉我们："你爸爸在越、老交界的穆嘉山口观察运输线时，美军侦察机临空，幸亏离开得及时，否则随即到来的B52轰炸机地毯式轰炸，无可幸免。"那

时我们才知道他在1970年到1971年间，执行了一个秘密任务，65岁的父亲密访战时的越南，实地考察抗美援越中险象环生的胡志明小道，掌握越南战场的实际情况。胡志明小道是越南在抗法时期开始建立的运输线，是一条连越南人都很少知道的神秘小道，南北蜿蜒数百公里，主路、支路盘根错节，隐蔽在亚热带茂林里，是越南从越南民主共和国向南方游击队秘密运送兵力和武器装备的重要通道，当时每天处于美国飞机的轰炸中，非常危险。

念旧从不忘记老战友

父亲是个念旧的人，他从不会忘记自己的老战友和在自己身边工作过的人。这些人中在革命胜利后，有的仅仅是个工人，有的只是个普通干部或群众。有几次父亲让我们去买西洋参，我们都以为他自己要吃，后来才知道他都拿去送了人。只要家里有好东西，父亲都毫不吝啬地拿出来送给需要的人，他的心里总是惦记着那些生活条件比较差，但曾经为国家做过贡献或者在大革命时期帮助过共产党的人，为他们争取政治

中国科学院院士（学部委员）证书

待遇和生活待遇，特别是"文化大革命"中为一些老同志出来工作尽了最大努力。父亲有空就去看望他们，如果他们来家里做客，父亲都是热情招待，会把他们敬为座上宾。

中共早期领导人罗亦农在1928年就牺牲了，几十年来，父亲一直不忘去看望和照顾他的夫人李文宜。家里有什么好东西，他都会挑选最好的送去给她。从我们记事起，凡是家里过年聚会时的座上宾总会有老侯叔叔。老侯叔叔是位老红军，在延安时是父亲的马夫，一直跟着父亲。新中国成立后，他在中央广播事业局收发室工作。每次来我家聚会，父亲总邀他坐在最上座。

有一次，父亲着急地四处寻找安宫牛黄丸，这种药的成分中有天然的牛黄，非常贵，当时一颗要卖四五十元，市面上很难买到。原来，是为他开车多年的司机老李师傅突发脑血栓，病情严重。父亲着急得不行，听说安宫牛黄丸能治这种病，就自己掏钱，满北京城四处寻找。药终于买到了，老李师傅服药后，病真好了很多，因用药及时也没有留下明显的后遗症，父亲很高兴。

亲情和原则要分开

父亲做事很讲原则，绝对不用国家赋予的权力做好人，哪怕是很亲近的人。

父亲有位亲侄子，1926年加入共产党，1927年蒋介石发动"四一二"反革命政变，下令公开屠杀共产党人，父亲的这位侄子在白色恐怖下脱离了党组织，跑回了家。新中国成立后，他想恢复党籍，希望我父亲替他说话。家乡领导来信说，只要父亲为他说句

1971年，父亲与我在天安门广场合影

话，就能恢复党籍。但父亲坚持："脱党的人是不能随便恢复政治名分的，要按党的组织原则来。不能因为是我的侄子就特殊。"后来，父亲又告诉他侄子："你生活遇到困难，生活上我可以补助你，这是亲情，但你不能因为这层关系就要求组织给你什么。"在老家的众亲戚中，父亲和这个侄子往来是最密切的。他来北京，都住在家里。在生活上，父亲一直尽可能地照顾他，但恢复党籍的事，父亲一直没松口。

公私要分明

公是公，私是私，父亲公私分明，就因为这个，我们家使用的一台20世纪50年代买的14寸苏联红宝石电视机，陪伴了我们很多年。

有一次，父亲出访荷兰，带回一个大箱子，打开一看，是国外送给他的26寸飞利浦彩电。这可把家里人乐坏了，以为可以有大电视机看了，没想到，父亲手一挥说："搬到电子部科研部门做研究去，以后咱们国家自己也要能生产这样的大电视机。"父亲那声"拿去做研究"说出来后，我们只好眼睁睁地看着搬来的大电视机又搬走了。

1990年8月，父亲在家中会客室

后来我结婚，家里那台14寸的小电视机跟着我去了新家，由于使用年头太长，开机要好长时间才会有影像出来，图像也不清楚，只能凑合着看。这台电视机又跟着我度过了好几年。

父亲当时是外贸部部长，国外赠送的礼品其实不少，但是，这些东西父亲一样都没有留下，而是全部交公。

自己的事情自己做

父亲常说"自己动手，丰衣足食"。父亲习惯于自己的事情自己动手，尽量不麻烦别人。

印象中，父亲每次出国前他都会检查整理自己的行装，西装上的纽扣掉了自己缝，衣服、领带皱了自己熨平，所有的准备工作都是自己完成。这一切习惯成自然，别人都插不上手。

平日，父亲从不会让人为他倒水，即便工作繁忙，口渴了，他都是自己动手。早晨，他都是自己做早餐；晚上，工作太忙到深夜，他也自己动手做点加餐，从不麻烦炊事员。

父亲有一手好厨艺，他烧的红烧肘子特别好吃，也就是南方人说的猪蹄髈，我们现在都还记得那蹄髈的美味。那时候父亲让我们跟他学，可是我们没有一个肯动手，每次都找借口溜了。父亲不但会做中国菜，还会做西餐。只要有时间，父亲总会亲自下厨，做几道拿手菜。鸡蛋肉末堪称一绝，烤出来后两面焦黄。父亲说，那是周恩来总理最爱吃的一道传统菜，名字叫作"太阳肉"。

"文化大革命"时期，我和哥哥在延安插队，生活条件艰苦。当时父亲身边所有的服务人员都撤了，他下班回来就自己为孩子做一些炒面存起来，然后每月去东单邮局寄给我们。

闲不住的人

发现癌症前，父亲的身体一直很好。大冬天，去机场迎接外宾，他通常穿着一条单裤就去了。父亲还常一个人步行逛街，谁都不带，也不

全家福（1994年）

会告诉我们要去哪里。他常说："到商场看看，就可以了解我们国家的经济。有几次，他一个人从位于北京医院附近的家走到东四，再走回来。

父亲是个非常勤快好学的人。他的工作特别忙，经常出差熬夜，但他只要有一点休息时间，都会在家做点什么。

有时家里来了修理工人，父亲会凑上去"学手艺"，问："这个怎么弄？那根线怎么接？"等家里的东西修好了，父亲的"手艺"

1951年6月，父亲的《发信菱形天线》出版

也"学成"了。其实工人师傅们哪里知道父亲不只是党和国家的高级干部，还是国际上承认的有过科学发明的中国科学院学部委员。

他心灵手巧，我们家一直保存着几个小箱子，那是父亲在延安时自己做的。我们常说："父亲没有不会干的事！"

父亲的动手能力不是一般的强。战争年代他制作过炸药、电台和枪炮。新中国成立初期物资匮乏，他自己踩缝纫机做衣服，自己修电器。那时候没有接线板，他就自己动手做。他还自己做过多用刀，就是现在市面上卖的类似瑞士军刀的具有综合性功能的刀。他当部长时，还曾到部里一位普通员工家里帮助修理电视机。20世纪60年代初，国家处于困难时期，父亲

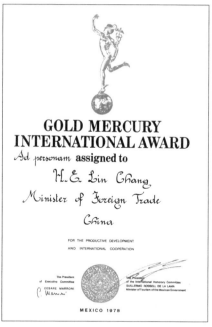

1978年11月国际金水星奖执行委员会为了表彰李强为发展生产和国际合作做出的贡献，授予李强个人国际金水星奖

买了个小石磨，放在院子里，自己磨豆浆。直到现在，这个小石磨还一直留在院子里。

父亲还爱种树、种花草，种葡萄、香椿、紫藤、薄荷，等等。他专门买来一把大剪刀，每到季节，都会精心修剪植物枝条。院子里大大小小的树基本都是他栽种和培护的。

父亲一生中见证和参与了很多党和国家的大事，他是一个做不平凡事的平凡人。

父亲离开我们23年了，但他亲切慈爱、幽默智慧的音容笑貌从未离开过我们，他的言传身教成为我们的家风。我们想念父亲。

简　历

彭绍辉（1906—1978）

中国无产阶级革命家。湖南省湘潭县韶山人。1928年7月参加中国工农红军，同年秋加入中国共产党。参加了平江起义、长沙战役、中央苏区历次反"围剿"、长征、百团大战、吕梁战役、汾孝战役、陇东追击战，指挥陇南和四川金堂地区的剿匪作战等。

中华人民共和国成立后，历任第一高级步兵学校校长、西北军区副司令员、人民解放军副总参谋长、军事科学院副院长等职。1955年被授予上将军衔。1978年4月25日，在北京病逝，享年72岁。

美好记忆

◎彭志强

1936年，父亲任红六军团参谋长留影

2018年4月25日是父亲去世40周年忌日，我和老伴中秋买了花篮来到八宝山革命公墓，看望长眠在此的父亲，跟他说说心里话。虽然父亲离开我们已经40年了，但当年的情景仍清晰地留在脑海里。从父亲发病到去世的那几天，我在上海出差。记得4月24日早晨，我给家里打电话时，是父亲接的。"爸爸，我是志强，你还好吧。我想找小顾接电话。""嗯……"25日半夜两点多，服务员叫我去接电话，我心里有一种不祥的预感，全身不由得颤抖，听到了父亲的警卫参谋顾伯平的声音："首长病重，正在抢救，你做好回家的准备。"等我乘机回到北京，来到301医院时，父亲已经躺在了冰柜里，我双手摸着他冰冷的脸，泪水如泉水般地流下。

其实父亲早就知道自己的病情。在1967年的武汉"七二〇"事件中，父亲莫名其妙地成了"百万雄师"的黑后台，被停止工作接受审查。

原来是1967年初，武汉的一个远房亲戚来到北京，要求见父亲，他谈到他所参加的群众组织叫"百万雄师"，组织里全是产业工人，还说武汉军区陈再道司令支持他们。父亲说，毛主席说工人阶级是领导阶级，工人阶级组织是革命组织，陈再道司令是参加了长征的老同志，打仗很勇敢，是个好同志。这样，父亲就成了黑后台。

1969年党的九大召开前，父亲恢复工作并参加九大。在这一年检查身体时发现父亲得了主动脉夹层动脉瘤，随时都有破裂的危险。医院给父亲提出的注意事项，不能坐飞机，不能登山，不要情绪激动，不要劳累，不要做剧烈活动，要控制好血压等。医院还给军委写了报告，叶帅批示要父亲只工作半日。父亲批评医院为什么要给军委写报告。父亲还风趣地说："我身上有个定时炸弹，不知道什么时候一爆炸，就可以见马克思去了。"还说时间不多了，要多做些工作。在后来的九年时间里，他

1965年5月，父亲在西南边陲检查战备工作，深入基层连队与战士座谈

一项注意事项都没有遵守。

我联想到1953年父亲任西北军区副司令兼参谋长，工作十分繁忙，有一次一天晕倒五次，每次醒来后就继续工作，后来检查才知道是高血压。父亲在去世前的一段时间里，复方降压片最多时一次服16片还控制不住血压。

父亲去世那年，我27岁。想想这27年中，我跟父亲在一起的时间太少太少。我从幼儿园、小学、中学，一直到大学，都是住校，每周回家一次。那时家住在西山的军事科学院，父亲在城里上班，有时星期日也不回家。大学毕业后上班的两年中，年轻的我还是头脑比较简单，从未想过父亲会过早地离开我们，也没有跟他好好的交流，也没有想到更多地了解父亲的战斗生活，问问父亲对我的将来有什么要求等。现在想想，虽然那时与父亲的语言交流很少，但父亲作为一名老党员，老军人的坚定信念和坚强意志，永远是我们学习的榜样。

记得上小学五年级的时候，我曾意外地得到了父亲的一次表扬。我们家住军事科学院的时候，我上学的十一学校在永定路，每星期坐该学院的班车回家。有一次放学贪玩错过了班车，几个同学只好步行回家，走了很久才到家，看到父亲后心里很委屈，并向父亲提意见说，有的同学家长用小汽车接送他们，我们却要乘坐班车。父亲听后严肃地说："小汽车是组织上让爸爸工作用的，不是接送自家孩子上学的，比起普通工作人员家的孩子，你们的条件优越得多了，以后千万不要有特殊化的思想。这次志强做得不错呀，一个急行军赶回家了，好！"我原以为误了班车会受到批评，可父亲却因为我步行回家还给予了表扬。

1968年我有几个同学报名参军了，在送他们登上火车时，我心里很羡慕，但当时父亲正在被停职审查，所以我没有向父亲提出自己的想法和要求。

因为父亲是独臂，虽然他在战争年代就练就了自己的事情自己做的本事，但有些事情还是需要有人帮助和照顾的。于是我就担负起了照顾父亲生活的一些事情，当了父亲的帮手。现在回忆起来，虽然那段时间不太长，但那毕竟是我亲自照顾父亲的一段难忘时光。帮他整理资料，帮他整理卫生，帮他洗澡，这是我最深有感触的事情。每当我看到他身上的伤疤，尤其是左肩下仅留的不到十公分的残肢，我总是很心痛和崇敬有着钢铁般的、有坚强毅力的老父亲，一个身残志坚的军人。我轻轻地帮他搓洗，他也高兴地说：志强还是很会照顾人嘛！看到父亲满意的笑容，不由得让他给我讲讲负伤经过。父亲说，那是1933年3月在江西苏区第四次反"围剿"中，时任红三军团红一师师长的父亲接到彭德怀军团长的一师担任草台岗霹雳山主攻任务的命令后，率部星夜向霹雳山急奔，拂晓前抢占了主峰。敌十一师不甘示弱，为争夺有利地形，向红一师发起了猛攻，父亲冒着枪林弹雨亲自到前沿阵地指挥作战。仗打得十分艰苦，相持中，敌机猛烈轰炸，由于敌我双方距离较近，趁敌机轰炸，几枚炸弹落入己方阵地，敌部队慌乱之际，父亲抓住战机第一个跳出战壕，指挥部队向敌人发起猛烈攻击，全师指战员奋勇冲杀，不到20分钟就将敌人击溃，重伤敌师长肖乾。在追击残敌中，父亲左臂连中两弹，臂骨被击碎，但他咬紧牙关，用绷带把断臂捆在身上，连续率部追击，直到战斗胜利后才被送进红军医院。但由于伤势太重，红军医院为他做了三次手术都没有成功，最后不得不将左臂锯掉。由于在霹雳山作战中指挥果断，身先士卒，扭转战局，指挥所部浴血奋战，在夺取第四次反"围剿"关键性战斗中立下突出战功，中革军委授予父亲一枚二等红星奖章（现存放于中国人民解放军军事博物馆中）。

又过了一段时间，我还是跟父亲说到了想当兵的想法，当父亲了解到我的愿望后，很高兴地对我说："到部队去锻炼很好。"得到了父亲的支持我也很高兴，1968年10月我应征入伍。临行前，父亲来到我的房间，先检查了一下我打的背包，掂了掂后，语重心长地说："志强你现在当兵要比我那时候到处去找毛委员时好多了，你要去的部队是一支有着光荣传统的部队，有一个团是父亲当年参加平江起义时的部队。你

1949年，父亲和母亲合影

当兵就应当有兵的样子，不要当浑身"骄娇"二气的少爷兵，更不能因为爸爸是领导而搞特殊。还特别强调如果有人问你，你的父亲是干什么的，你就说我父亲是一个合格的老兵。"我牢牢地记住了父亲的要求，没有辜负父亲对我的期望。在部队的几年里我严格要求自己，不怕苦、不怕累，积极主动地参加连队的各项工作，得到连队指战员的一致好评。1969年加入了中国共产党，同时也得到了锻炼，学到了很多的本领。可是总有一件事情牵挂在心中，父亲停职检查的事，不知是否得到解决，他的生活是否有人照顾，他身体怎么样？我心中的牵挂不久就有了答案。在部队看电影时，加放的中央新闻纪录片中，我见到了父亲。那是毛主席在天安门接见红卫兵，毛主席招手前行时突然停住脚步，来到一个人面前和他握手交谈，在特写镜头中，我看到了那个人不是别人，他就是我父亲。那一夜我很激动，非常高兴，因为父亲复职了。那一夜我很激动，非常高兴，因为父亲复职了。后来才知道，在中国共产党第九次全国代表大会召开前夕的一次外事活动中，毛主席问参加活动的总参负责同志，彭绍辉同志现在怎么样？周总理接着说，总参抓紧给军委写个报告，说明一下情况。在总参的报告中最后写到，彭绍辉同志的问题是人民内部矛盾，准备恢复工作，毛主席看后批示：这样处理好。

1970年初，我所在的部队接受国庆阅兵任务，受毛主席的检阅，真是高兴极了。8月初部队来到北京，住在地质学院，离家不太远。说实在的，当兵快两年了，没有回过家，这次到家门口训练，真想马上就回家看看父母，可是来京后训练任务十分紧

1973年5月，我和父亲合影

张，所以我没有提出任何特殊要求。一个多月的紧张训练后部队休整，领导让我回家看看，当父亲知道我就在家门口训练了一个多月，而且能严格要求自己不搞特殊化，看到了我在部队的进步，高兴地连声说："好啊，好啊，这样我就放心了。"

父亲在总参（解放军总参谋部）担任领导工作多年，但他从不以权谋私。我的两个姐夫曾想调到总参某部工作，就背着父亲找了有关部门，在办理调动手续时，组织上征求父亲的意见，父亲得知此事后很生气，把他们叫到家里批评说："你们不应该背着我向部门提出特殊的要求。"并非常严厉地指出："只要我在总参工作，你们谁也别想调到总参机关工作，你们要在部队中锻炼进步。"

父亲曾给我讲1928年平江起义后，在一次战斗中他右侧胯骨受伤，在老乡家里养伤住了两个多月，得到乡亲们的照顾和掩护，和乡亲们结下了深厚的情谊。新中国成立后，父亲虽身居要职，但始终保持党密切联系群众的优良作风。战争年代他就以团结同志、关怀部署、爱护战士

1955年，父亲授衔后与母亲合影

的作风而闻名，人们称他"有求必应"。"文化大革命"中，很多老同志受到冲击，有时需要写证明材料，父亲都实话实说，尽最大努力协调处理。另外，记得1975年夏天的一个傍晚，一位素不相识的人来到我家门前，经问才知道他是来上访的，特慕名来找父亲帮助解决落实政策之事，由于他四处奔走，有时露宿街头，蓬头垢面、浑身气味难闻，当时门卫不准备让他见首长。正巧父亲散步时得知此事，就让那人进来，先让他吃了饭，又认真听他反映情况，临走时还让母亲给他带了路费，并很快为他向有关部门反映了情况。事后，父亲对门卫战士们说："人民群众有很多问题需要解决，他们来上访本身是很不容易的，要想见到我们这些当领导的就更困难了，我们现在下去就很少了，别人上门来谈问题，是一个接触群众的好机会，千万不要冷落了他们。"

1976年7月28日凌晨，唐山地区发生了大地震，我第一个来到父亲房间，父亲因一只手穿裤子没站稳，摔倒在地，我连忙将他扶起来，发现他背部擦伤了一块，我当时心中既担心父亲身体，怕他心血管出问题，又对当时地震的严重性不了解，大震刚停，余震不间断，父亲不顾自己的安危，在工作人员陪同下走出大门，到居住在周围的市民家中看望那些街坊邻居们，了解有无受伤的，观察房屋破坏程度。当父亲得知无人员受伤时才放了心。有的群众搭建防震棚缺少材料，他马上让秘书联系有关部门帮助解决。当父亲去世的噩耗传到周围群众中时，他们都赶到家中慰问，很多人都伤心落泪，回想当年父亲关心他们的情景。一位老邻居说："这位首长可好了，平时见了我们可亲呢，地震还没停，首长最早过来看望我们，他可真是个关心老百姓的好首长，他走得太可惜了。"

人们称父亲是"刚正"将军，这是他对党的事业的忠诚与担当。"文化大革命"中的一件事给我留下了深刻的印象。父亲在总参工作时长期分管动员（含民兵）工作，为此父亲花费了大量心血，做出了辛勤贡献。当父亲重新工作以后，仍然分管民兵工作，按说这对他是一项驾轻就熟的工作。可由于当时"四人帮"的干扰，父亲的工作却非常难以进行。那时"四人帮"妄图篡夺党的最高权力，但又掌握不了军队，于是他们就大抓民兵，他们在上海成立了由他们直接领导的民兵指挥部，

1977年2月前排左起：父亲彭绍辉、母亲张纬、爱人岳中秋，后排左起：妹妹京平和我

想以此取代省军区、军分区和县、市人武部。父亲看穿了这一阴谋诡计，与"四人帮"进行了坚决的斗争。

1974年9月，总参召开民兵训练工作座谈会，按照军委的指示，会议主要研究解决民兵组织和训练中存在的一些问题。可是会议即将结束时，在向军委领导汇报的会议上，王洪文、张春桥却突然说"会议不抓路线，方向错了。"提出要推行民兵指挥部。会议气氛一下紧张起来。面对这突如其来的情况，父亲沉着冷静，不顾他们多次打断发言，当着他们的面向叶剑英、聂荣臻副主席提出自己正确意见，建议调整省军区、军分区和县、市人武部的编制，增加专职人武干部，加强民兵工作的领导力量。当王洪文、张春桥在大会上要总参带头推广上海民兵指挥部的经验时，作为人民解放军副总参谋长和全国民兵工作领导小组组长的父亲就是不表态。会议结束时，父亲针对王洪文、张春桥"不抓路线，方向错了"的话，充分肯定了这次会议的方向和成绩，赞扬会议开得好，达到了预期的目的，但此事并没有完，到了1975年，"四人帮"更加疯狂地推行民兵指挥部，使一些地区出现了民兵指挥部与省军区、军分区，县、市人武部两套机构并存的现象，对此父亲只能能顶就顶，能拖就拖，与"四人帮"进行了巧妙的斗争。为了进一步搞清楚情况，找出更加有力的对策，父亲带领调研组亲自赴广东、广西、海南、湖南等地，对民兵指挥部做了详细的调查研究，认真听取各级地方党委及军队系统的意见，在此基础上给中央军委写报告，建议坚持战争年代的传统体制，把民兵指挥部合并到省军区系统，统称"人民武装部"，归军事系统领导，巧妙地主张取消民兵指挥部。此后父亲又在几次全国性的民兵工作会议讲话中，反复指出民兵是我国的"三结合"式武装力量的重要组成部分，是我们的老传统，这个传统是经过了战争年代的考验，这个传统不能丢，民兵要由军队统一领导。在一次于唐山召开的民兵通信分队训练工作经验交流会上，父亲要求在会议所有的文件讲话和典型材料中，一律不提"民兵指挥部"，并当面对上海民兵指挥部的一个头头

1964年10月，父亲在济南接见参加比武表演的民兵代表（左四为济南军区司令员杨得志，左五为山东省委书记谭启龙）

说："你们那个民兵指挥部就不要再搞了嘛。"在后来的民兵工作会议上他要求不要通知民兵指挥部参加。有人对此告了父亲的状，他知道后说："我是为了维护党的原则，有真理在，我才不怕呢。"父亲在叶帅的领导下，坚持正确的民兵领导指挥体制，最终使"四人帮"搞第二武装的阴谋没有得逞。

这些看起来都是很平常的小事，可是却都那样刻骨铭心地留在我的记忆中，并没有随时间的流逝而淡化，我永远深深的崇敬、怀念和感恩父亲。

父亲走了40多年了，这段时间里祖国日新月异、飞速发展，发生了很多的变化。在当今以习近平新时代中国特色社会主义思想指引下，我国发生着巨大的变化。可以告慰老父亲了，你可以放心了，中国共产党正带领着全党、全军、全国人民，为实现人民美好的愿望，撸起袖子加油干，在勇攀高峰的道路上，争取更大的成就。

简　历

向守志（1917—2017）

　　向守志，原名向守芝，1917年11月28日出生于四川省宣汉县南坝场曹家湾一个贫苦农民家庭。1934年7月参加中国工农红军，1935年5月加入中国共产主义青年团，1936年9月加入中国共产党。历经土地革命战争、抗日战争、解放战争。新中国成立后，历任中国人民志愿军第15军44师师长，陆军第15军参谋长、第一副军长兼参谋长、军长，西安炮兵专科学校校长，炮兵技术学院院长，军委炮兵副司令员，第二炮兵司令员，南京军区副司令员、司令员等职。1955年，被授予少将军衔，1988年被授予上将军衔，1987年当选为中共中央顾问委员会委员。荣获三级八一勋章、二级独立自由勋章、一级红星功勋荣誉章。

初心如磐

大巴山的儿子

◎向孝民

　　他是一位伟大的父亲，一位优秀的领导，一位能打胜仗的指挥员。在我的眼中，父亲向守志永远是那么的高大、那么的慈爱。这位革命长者的崇高精神境界和往日的谆谆教诲，还有那无比难忘的如山父爱，似乎依然温暖照耀着我们兄弟姐妹，在我们的心里，敬爱的父亲母亲从未离去……

1946年春，父母在河北邢台合影

父亲为什么能为党为人民担重任

我父亲当年带了100多个乡亲，拿着乡苏维埃主席的介绍信，参加了红军。他当过儿童团团长和游击队副队长。到了部队，时任红九军我父亲所在团的副团长，后来任广州军区副司令的刘昌毅伯伯跟我父亲谈话："小向啊，红军有政策，带一个排当排长，带一个连当连长，可你不会带兵打仗，要不你先当排长？"我父亲坦言，排长我当不了，您随便给我安排个地儿，只要能当红军就行。刘伯伯说，那你先在团部当传令兵吧。于是，他先在团部干起了通讯员。过了些时日，父亲要求下连队参加战斗，团里领导发现向守志很勇敢，个子高高大大，说要不你下连队扛重机枪吧。当时重机枪是红军的重武器、撒手锏，很值钱，因此要觉悟高、能吃苦、铁心跟党走的人来干，这样的人党组织放心、领导放心。后来，父亲当到机枪连连长。从打重机枪到他几十年后指挥打导弹，这样的人生之路似乎是必然的，足见党组织和领导对父亲一贯的信任与培养。

1954年10月，父母亲和百天的我

长征期间，我父亲随队伍三过雪山草地，部队减员特别厉害，由于当时条件异常艰苦，加之作战负伤牺牲、病死饿死、开小差离队的，能活下来坚持到最后的人真是九死一生啊！20世纪90年代，我跟父亲母亲回四川省宣汉县塔河乡红庙村老家。村里的一些老红军亲属和老乡来看他，其中一位老太太说："向守志啊，当初我的老伴，还有娃的叔爷啊，都是和你一起走的，你熬出来了，他们有的早早跑回来了，有的是永远也回不来了。"这段话勾起了父亲长征中的一段回忆，他对我说，离老家不远的地方有个老乡，21岁参加红军，晚上跟他一起放哨时说："向守志啊，我实在熬不下去了，要回家。"父亲劝道："回去国民党抓住也要被杀啊。"那个老乡说："那也不熬了，我家里有婆娘，我还有个1岁的孩子，我要死了他们怎么办？咱们一块跑吧！"我父亲坚定地说："我不跑，我要跟着红军干革命，死也要死在红军队伍里面，我相信共产党相信红军，我要跟着共产党走。"可见，通过长征无比艰难岁月的考验，能够留下来的红军战士大都是大浪淘沙、立场意志非常坚定的同志。

在我父亲80多年的革命生涯中，为党、为国家、为人民、为军队做出了重要的贡献，建立了不朽的功勋，也得到了党和人民的信任与重托。这些成就的取得，与他始终坚持学习，善于学习，学以致用分不开。父亲参加革命，跟同期同级的干部相比，他的资历比较浅，之所以能够脱颖而出，与父亲爱党爱军队、爱学习会学习的态度有很大关系。他参加革命前上过四年私塾，也就相当于初小文化程度，但到了革命队伍后，他非常热爱学习，因此得到了许多党和国家以及军队领导人的欣赏。信念坚定、学习刻苦、英勇顽强，似乎是他百岁人生的主要组成部分。

一个鸡蛋，周总理和我父亲分着吃

20世纪60年代初期，我们国家的建设热火朝天地开展，而在各项事业的发展中，捍卫国家安全和人民利益的撒手锏——战略导弹部队建设，无疑是重中之重。我父亲有幸成为这项伟大事业的开拓者之一。

有一次，父亲带着院校组建的导弹发射营和部分学员以及专业技术干部到导弹基地去发射导弹，周恩来总理参加了这次发射。由于发射地点的环境较差，没有房屋设施，周总理就和父亲住在一个帐篷里，我父

1956年冬父母、二姐和家中工作人员在湖北孝感十五军军部合影

亲睡外面，总理睡里面。吃饭时，总理看到桌子上只有一个鸡蛋，就说道，向守志同志，咱们一人一半，我父亲摆着手说请总理一个人吃。总理说不行，我命令你吃，说着，总理将鸡蛋用筷子分成两半，夹了半个到我父亲碗里。接着说，向守志，你很年轻啊，"38式"干部？我父亲说，比起老同志来讲我是年轻很多，但是我是红军时期参加革命的。听到这，总理问，参加过长征没有？父亲说，参加过。总理说，长征不容易啊，牺牲了多少同志……然后就聊起长征时候的故事。从那以后总理就记住父亲是长征过的干部，对父亲的政治素质和各方面能力水平有了更深的了解。这和父亲后来当二炮司令员有很大关系。后来中央考虑，二炮司令员的人选，周恩来总理发表意见，说向守志同志很能干也很年轻，让他干吧。就这样，由于周总理的力荐，我父亲担任了二炮部队首任司令员。在这之前我父亲任军委炮兵副司令员，也是分管这块工作的。

"造反派"的头头登门谢罪，爸妈却请他吃饭

父亲这人特别宽宏大量。1984年，我那时已在基层部队当了营政治教导员，一天中午路过南京赶回家看望父母。一进门居然看到"文化大

革命"期间审查父亲和母亲"专案组"的人坐在沙发上，看到我后他站了起来，说道："孝民你回来了？"我一看是他，当时就指着他呵斥道："你是什么人，到我们家来干什么？"这时母亲迅速站起身把我给推了出去，还说："你不要胡来，某某同志他是群众，也是受林彪、'四人帮'蒙蔽的受害者，他的问题是认识问题，只是执行了错误路线。"我过后对父母忿忿不平地说，这样的人就应该开除党籍和军籍。父亲这时发话了："不能，他是一般的干部，又不是林彪、'四人帮'集团的骨干力量，他就是一般思想认识上的问题，他现在到咱们家来登门道歉，我很感动，应该请他吃饭。"我当时不理解父母亲，中午饭也没吃，饿着肚子离开了家。后来我父母又与我谈话，让我不要跟他们计较，说他们也是群众，现在他们能到我们家来，说明我们是正确的，也说明他们认识到了自己的错误，愿意跟我们一起革命，一块前进，他们这种道歉，不仅仅是为了重新填表入党，而是要跟我们的党、军队、人民一道实现四个现代化。经父母的教诲和提点后，我觉得自己做人做事的方式改变了许多，对人对事宽容了。

1972年，刚刚走出牛棚的父母

1975年5月，父亲母亲在故宫角楼合影留念

1988年10月，解放军陆军指挥学院指挥员队部分学员到家中看望父亲（左四为父亲）

通过这件事，我深切地感受到父母的高风亮节和为人处世的作风，他们胸怀坦荡，首先考虑的不是个人，而是要服从党、国家、人民的大局，大公无私。正因如此，兄弟姐妹们在父母的言传身教下，在一点一滴地感化中，在矛盾的解决和思想的交锋中，形成对父母的认知认同，也加深了父子母子之间的感情。

父亲把母亲从死神手里拽了回来

2009年4月，母亲突发心梗脑梗，一下子没有了呼吸，父亲在医院拉着母亲的手反复喊着："张玲啊，我是向守志啊，你醒醒啊……"过了一会，就看到仪器上母亲的脉搏慢慢又有了，手也渐渐有了温度，然后呼吸也有了，一天以后，血压也正常了。尽管她此后长期处于昏迷状态，但父亲的深情呼唤，又让我们几个孩子多了一年有母亲的宝贵时光。

一年后，母亲去世了，我们兄弟姐妹陷入万分悲痛中。父亲专门把母亲的遗体接回家停放了半天，年迈的父亲守在母亲遗体旁，一直陪着母亲说话。等到全家人告别后，母亲的遗体才送到殡仪馆。遗体告别仪式后，我因工作就先回部队了，等星期天我再回家的时候，父亲郑重其事地把我叫过来说，等会吃完早饭后全家开个会，我有话要讲。上午9点钟，我们几个兄弟姐妹都坐在屋里等着，过了会儿父亲来了，会议正式开始。父亲说，今天这个会啊，是专门把前两天我们开会的情况给孝民传达一下。前天啊，给你姐姐弟弟开了个会，讲了五条意见，你们都认真听，看我今天讲得对不对，有差错的地方，你们要提醒我。第一条，你母亲走了，我们要向你母亲学习，她是真正的共产党人。学习她忠于党，忠于人民，忠于国家，忠于军队。你母亲是坚定的马列主义者，她这辈子最崇拜的人是毛泽东同志，她最热爱的是党和人民，你们一定要向你母亲学习，继承革命遗志，发扬光荣传统，坚决跟党走……

1988年5月，父母应江苏电视台邀请，参加金婚银婚演唱会

第二条，这一次你母亲去世，从中央到地方，从军区机关到部队，来了很多的同志，还有很多亲朋好友，给了我们很大的慰问和关心。作为一位女领导来讲，在南京这个地方，可能是空前的了。这说明你母亲和我为党为人民做的工作得到了党和人民的认可，得到了同志们的关心和帮助，你们一定要记住这份恩情，努力工作，努力报答。第三条，军区分管老干部的领导，卫生部和总医院的领导，特别是专家和医护人员，为救治你们母亲做了很大的努力，长期以来我们都得到了他们很好的医疗保障和帮助，得到了他们无微不至的关心和照顾，要感谢各级领导和医院对你母亲的救治。你母亲的后事安排我们都没有意见，现在骨灰先放到家里，将来我们合葬在一起，我们要一块走。第四条，这个家现在我来管，以前你母亲管，我是大树底下好乘凉，实际上从你母亲身体不好的时候我已经接手了，当然我不太会管，但是我会努力管好。你们孩

1989年12月，父亲在基层连队器材室

1990年9月，父母和我在四川宣汉老家合影留念

子们要经常回来吃饭，你们不要给我买东西，要勤俭节约，不要大手大脚。将来我百年以后，我的工资首先拿来交党费，余下家里的所有财物都给你们四个孩子平分，男孩女孩都一样，商量着办。第五条，很多老同志老伴去世以后，有再结婚成家的，他们看我身体还好，可能也会有人关心我，为我张罗对象，但是我不会考虑这个问题。我和你们母亲既是革命战友又是革命夫妻，我们是亲人，我非常热爱你们母亲，爱你们，我不会再找对象了，再婚绝不可能的，提都不要提，我不会给咱们家添乱，请你们放心。听完这五条，我当时眼泪就像开了闸的水，哭得稀里哗啦。今天想起此事，我依然眼红声哽。

永不丢失本色的百岁革命老人

我父亲直到去世前，虽然病重，但依然不辍学习，坚持锻炼身体，坚持科学健康而又朴素的生活观念。许多人感叹，一个发现患癌症五年的老人，临终前脑子十分清楚，身体也没有走形，他身高1米74，体重从150斤下降到140斤，只低了10斤。直到去世前他的胃口都很好。父亲一生活到百岁高龄，他的身上有很多优秀的品质值得我们学习：

首先，父亲认为身体是革命的本钱，生命在于运动，人老先从腿老起，因此为了延缓衰老就要多走路。无论多忙或是之后病重，他都会坚持走路。年轻时候在部队里行军打仗，他是铁脚板；"文化大革命"期间他被关牛棚和小黑屋，就在棚子或屋子里转；出了牛棚以后，他更是不忘运动，直到生命最后时刻他腿疼腰疼，也要工作人员扶着他在院子里慢走，随着身体越来越差，走路的时间从1个小时，到半个小时，再到20分钟，但始终都会坚持走路锻炼身体。

第二是永葆劳动人民出身的本色，父亲年纪虽大但生活尽量自理。我们几个兄弟姐妹常说父亲勇敢（会打仗）、勤劳（会干活）。他手很巧，会做饭做菜，也很懂吃。在孩子们记忆里，父亲做的米酒和泡菜等四川小吃味道都特别好。父亲一直到住院以前，都住在楼上，每天自己上下楼。虽然组织上按标准给他配备了服务人员，但他还是坚持自己照

1995年春，父亲回老部队三十四师参观军史馆

1998年11月，参加淮海战役胜50周年纪念活动的父母到徐州看望我

顾自己，洗澡、刷牙、上厕所等日常生活，总之能自己干的活决不让别人代替。

第三是父亲生活很讲究科学，有规律，从不暴饮暴食，也很讲卫生。我没有看到父亲喝醉过酒，他酒量大，却从不酗酒；特别好吃的东西父亲从不多吃一口，不好吃的他也多少吃一点，因此营养很均衡；年轻的时候，条件再差也洗澡，战争年代在太行山上洗凉水澡，锻炼出一副好身骨，老了以后也是两三天洗一次澡；他睡眠也很规律，年轻的时候倒头就睡着，老了以后睡眠不好，但睡不着也会躺在床上静静地养神，到时间再起床，自控力特别强。父亲还很注意自己的形象，包括我们回家时如果样子邋遢一些，他都"不待见"我们。临终前，我们去医院看他，他身上插了很多管子，不愿意让我们看见。每次孩子们去看他，他还让工作人员先给他梳梳头，如果有领导去看他，他还会叫人把他扶着坐起来，让工作人员把头发衣服弄整齐，再请领导进门见面。

第四是他淡泊名利，情绪特别稳定，从不大喜大悲。印象中只有两次父亲的情绪不好，一次是1984年外婆去世时，那天父亲抽烟了，他从1977年戒烟以后就抽过那么一次烟。另一次是母亲去世时，父亲有点反常，睡不着觉。除此以外，孩子们从未看到父亲失态。战争年代，他冲锋在前，不惧牺牲；"文化大革命"时人家打他骂他，他也无所谓；让他当领导就当，不当了就安静地下来，把名和利看得很淡。有一件往事，我特别难忘。1971年，父亲从牛棚出来后，有一天突然对我说，我好长时间没骑自行车，你陪我骑骑自行车怎么样？于是，我陪父亲从五棵松骑到永定路。路上，他对我讲："孝民啊，我对当官无所谓。我听说，有人想解放我，让我当炮兵管理处处长，正师级，把我一下从二炮司令员降为正师，我无所谓，只要咱们全家人在一起，我拉板车也能养活你们。"

第五是父亲做人态度积极，勇于面对困难和挑战。晚年，他同病魔

2008年3月，母亲90岁生日之际，父亲送花篮庆贺

2008年春节期间，父母与部分家人合影

做起了坚决的斗争，病逝前五年，他查出患有癌症，但他没有消极，依然乐观向上。他会针灸，头疼脑热，血压高不舒服了就给自己扎两针，孩子们晕飞机晕车，他就给扎上两针，立马就好。他从来不吃保健品、补药，他说我能把饭吃好把觉睡好就行。由于懂些医学知识，他同病魔作斗争也就更加积极主动。他会利用自己的中医经验增强体魄，减轻病痛，同时他也积极配合医生、专家治疗，而对于医院给他的治疗方案，他也会提出自己的建设性意见。进行治疗时所有方案父亲都会自己选，包括要不要开刀、插管子、吃什么药，他都会拿出自己的意见，然后积极配合医院治疗。他对于医护人员从来没有怨言，身体疼痛也不叫，很坚强。面对死亡，他显得异常坦然，最后的时光里，我看不出他有病的样子。

第六是父亲善于团结同志，人际关系也特别好。领导也好，部下也好，喜欢他的人也好，对他有意见的人也好，都跟他关系不错。朋友

2012年1月，父亲在家中和四川籍将军以及四川省江苏商会主要领导合影留念

多，战友多，走动多，听的都是给他鼓劲的话，正能量的话，祝福的话，他听了后非常感动，心情总是特别舒畅，得到的关爱和回报也特别的多。

第七是父亲一直坚持学习，活到老学到老，直到晚年，一天也要拿出五六个小时学习。父亲临终时头脑都很清醒，生活质量较高。毛泽东、周恩来、邓小平等老一辈无产阶级革命家的著作，习近平、江泽民、胡锦涛等领导人的重要讲话，党代会和党中央的文件，军队的会议和上级的指示，他都认真学习。一些重要观点、语录、警句则烂熟于心。有时他还会考我们，让我们背一些党的政策规定和要求，如果背得不正确，他还给我们纠正。为了应对父亲的考核，我们也要积极学习不断进取才能"过关"。此外，父亲退下来以后一直没闲着，会经常参加一些社会公益活动，包括中华爱国工程联合会和《祖国》杂志的活动。

父亲非常爱看书读报刊，《祖国》杂志是他每期必看的，看到杂志上登了很多有关老同志文章的时候他还会说，哎呀，他们身体不错啊，讲得很好啊，我们要学习啊，有时他还会对杂志里的文章点评一番，发表一些自己的读后感。杂志宣传党的大政方针和时事政治的报道，关于革命历史和老一辈无产阶级革命家的报道，还有一些老领导、老同志以及他自己的文章，父亲都会非常关注，甚至为之感动。

父亲，请您不必遗憾

我父亲生前最为遗憾的是未能参加纪念中国人民抗日战争胜利暨世界反法西斯战争胜利70周年盛大阅兵活动（九三阅兵）。老人家把九三阅兵看得特别重，早早就做好了准备，还督促我去填个人外调政审材料。父亲说："孝民啊，你陪我去，为了九三阅兵你要好好打扮一下子。"让我不要穿西装，人家给他做的是八路军军服，让我也要穿得中式一

2012年，父亲第八次参加党的代表大会——在党的十八大会场

2015年9月，父亲佩戴中国人民抗日战争胜利70周年纪念章

点。随后，我按照父亲的要求，上街精心挑选了一套改良版的中山装衣服，回来跟父亲汇报说，父亲，我买了这款衣服，您看好看吗？父亲微笑地点点头。令人没有想到的是，他老人家的病情那时开始恶化。

那些天，父亲显得兴高采烈："我要参加九三阅兵去，接受党和人民的检阅"，"我去不是代表我自己，我是代表我那一代人，代表我的老领导老上级，代表我牺牲的战友们"。不料，阅兵的前一周，父亲咳血，以前他咳嗽带血，一两天就止住了，可这次一直止不住。我们全家人都担心他去接受检阅身体会吃不消，于是我们非常纠结。两个姐姐，无论如何也不让病中的父亲前往。后来只好向组织请假不去了。得知这个消息，总部和军区负责这项工作的同志还亲自反复打电话给父亲的秘书，关心父亲的身体，并多次转达有关领导对父亲参加九三阅兵的期待。我们考虑到父亲的身体状况，还是谢绝了。与九三阅兵失之交臂，父亲格外遗憾，心里很难受。

2015年9月3日那天，病中的父亲一直坐在电视机前从头看到尾。

在电视机前，他身着八路军军服，佩戴共和国授予的抗战胜利纪念章，似乎在接受着党中央和全国人民的检阅。当他看到昔日曾经共同抗击日寇的老同志、老战友，看到雄壮威武的新时代解放军方队和先进强大的国产武器装备，整齐划一地从天安门前走过时，老人家不由热泪盈眶。

今天我想对父亲的在天之灵说，敬爱的父亲，请您不必遗憾，因为，您是永远活在人们心中的英雄，一名久经考验的共产主义战士。阅兵那天您因病没有来到天安门广场，但您的战友们来了，他们代表了包括您在内的许许多多不能到场的抗战民族英雄们，和千千万万的抗战先烈们，光荣地走在受阅方阵的前列，向全国人民和全世界展现了反法西斯胜利者特有的英姿和风采，成功、完美地完成了受阅任务。今天把父亲的遗憾讲在这里，也是希望了却我父亲的这最后的一个心愿。

简　历

潘振武（1908—1988）

　　湖南省常德市长茅岭乡人，1926年投身大革命，成为北伐一兵。1927年，组织领导过常德地区的秋收起义。1930年7月参加中国工农红军，1930年10月加入中国共产党，参加过中央苏区一至五次反"围剿"，参加过长征、抗日战争、解放战争。1955年被授予少将军衔。1975年8月至1983年10月任武汉军区顾问。曾任湖北省委书记。第五届全国政协委员。1988年9月22日因病在武汉逝世。

父亲永远是女儿的指路明灯

◎潘建军

2025年父亲离开我们37年了。回想父亲的一生，历经艰辛，受过无数磨难，可他对中国共产党的信仰丝毫没有动摇过，为共产主义奋斗终身的脚步从未停息！不论何时，干什么工作，他都会满腔热情努力将它干好。在我们面前父亲就是一个受人敬仰的

1942年，父母在延安结婚时合影

红军老战士；一个受人尊敬的好领导；一个有情有义的战友、同志和老乡；一个模范的丈夫和慈祥的父亲……回忆是痛苦的也是幸福的！我仅将父亲工作生活中的几个片段写下来。

下连当兵，体察民情

1958年，党中央和国务院提出干部充实基层工作，中央军委也适时地发出"干部下连队当列兵"的号召。父亲积极响应这

一号召，带头向军区党委提出申请，得到领导的支持，同意他下到生产基地劳动锻炼一个月。

11月15日，军区总动员的当天，父亲带着简便行李和另外4位同志来到军区后勤部的生产基地，姚管理员见到部里的政委突然来了，以为是来视察工作，连忙迎接，因事先没有什么准备，不免有些紧张，便问："是先听汇报还是先看？请首长指示。"

父亲哈哈大笑起来，说："我们这回可不是来这里指手画脚的哟，而是以普通一兵的身份，到你这里报名参加生产劳动的嘞！不然的话，为什么带着行李呢？"

管理员愣住了。一位将军竟然要到生产基地参加劳动，还要住在这里，真是世界上的新鲜事。特别是要把他作为普通一兵安排劳动，更是为难的事啊！

有个老工友站在一旁，眼睛盯着我父亲，从他的眼神里表现出一种怀疑，似乎在说："你这位年已50岁的大政委，参加生产劳动能行吗？"父亲察觉到老工友的表情，有些不服气，暗暗下定决心："好吧，用事实来说话，让你看看我这胖老头到底行不行。"

第二天，管理员召开全体会议，欢迎我父亲和其他几位领导同志，并当众给他们分配工作，父亲编入了种菜的行列。当管理员分配完毕，生产基地的全体人员情不自禁地热烈鼓掌。父亲深切地感到，这掌声中寓含着他们的心声，一个共产党的干部时刻都以普通劳动者的身份出现，与人民群众心心相印是多么重要。

军区后勤部的生产基地，父亲并不太陌生，创建虽只八九个月时间，他已几次视察过，看看牲猪喂得怎样，蔬菜的长势如何，能为后勤部提供多少生活物资？但每次都是走马观花地看一看，然后笼统地讲一讲，具体情况并不十分清楚。此次的心情就与以前大不相同了，不仅要亲手把猪喂好，把蔬菜种好，而且要自己流流汗，要用一锹锹泥土填平与劳动者之间的距离，密切同人民群众的思想感情，这是我们的党，我

1958年，父亲下连当兵担任饲养员喂鸡

们的军队永远立于不败之地的保证。

虽然已是立冬季节，可是在广州一带依然没有多少寒意。分配工作后的第二天早晨，父亲内穿一件绒衣，外着一套旧军装，做好下地劳动的准备。菜园班长姓何，才20多岁，头一次带领将军搞劳动，显得非常不自在，早餐时他说："各位首长，我们菜园班今天除草松土，然后就施肥，报告完毕。"早餐后，父亲扛起锄头和几位下放干部跟随班长走进菜园地，一人一垅地锄起草来。他除草松土的熟练技术吸引了生产基地干部战士的视线，只见他使起锄头来是那样的运用自如，动作是那样的敏捷，操起锄把子哪像长期拿枪杆子的，且还是50岁的人？只见他草锄净，土刨松，白菜苗子却没伤一根，锄过一段后又蹲下来把草拾得干干净净。在他左侧锄草的何班长两眼盯着他，竟然忘记了自己的劳作。一位老工友喜形于色，走到我父亲的身边一边帮助捡草一边问："政委，你拿锄头与拿枪一样灵活，以前干过吧？"

我父亲答道："干过多年，家住在丘陵山区，从小就开始锄棉花草，锄芝麻草，还帮母亲种菜园，靠锄头吃饭咯！"

"农业干过吗？"老工友问。"干过。"我父亲接着说，"在河北当县长，带领群众种麦子种高粱，支援八路军。在延安学习时，国民党实行封锁，我们就开荒种地，自力更生。日本投降后在东北根据地，军民一道搞生产，一道打仗。""再后来呢？""那就是现在，向你们学习种菜。"两位同志一边劳动一边小声谈，同志们静悄悄地侧耳细听他们的对话。何班长听得入了神，不时地对我父亲投向敬重的目光。

当天晚上，生产基地的干部战士数十人，不约而同地坐在一起，恳求我父亲讲述长征、抗日的故事。管理员自然十分赞成的，也在一旁讲情："政委，如果不感到疲倦，就给他们讲一段吧！"

宣传革命传统，他怎会不乐意呢？他首先讲述了红一军团冲破敌军第四道封锁线，渡过湘江的壮烈情景，同时怀念起牺牲的几位宣传队

1958年，父亲下连当兵时在蔬菜地拔草

员，厅堂里顿时寂静无声，同志们久久不愿离开。打这以后，每天晚上厅堂里都挤满了人，父亲无可推脱，诸如四渡赤水，突破乌江天险，过草地、爬雪山、打下腊子口、会师陕北、联络东北军、曲阳设陷阱、峄县出奇兵……都一一讲给他们听。

当父亲走进菜地，发现大片蔬菜长得又瘦又黄，何班长向他诉说："这里土质太不好，经常施肥，老是长不起来，真是急死人喽！"究竟症结在哪里呢？他凭着过去经验，断定是施了没有发过酵的生猪粪，加上渗水太少，娇嫩的菜苗经不住酵温的燎烤，叶子怎不发黄呢？他建议挖掘三个化粪池。

挖掘化粪池，说起来容易，但对于长时间没有从事较重体力劳动的父亲来说，的确还是蛮费劲的，他负责挖土装筐，手上打起了血泡，腰背也有些酸痛，仍坚持干下去，终于把化粪池挖好了，池底和池身捶得滴水不漏。第二天，同志们在他的带动下，劲更足了，有的运肥，有的灌水，一天的工夫，就把三个化粪池装得满满的。一个星期后再施肥，果然立见成效，白菜施了发过酵的粪便水以后，长势特别好，呈现出绿油油的一片，同志们都称赞我父亲是"蔬菜的营养师"。

生产基地的猪舍修得整整齐齐，大部分是草房，也有几间是瓦屋，喂有300多头猪，可是饲养员从不给它们"自由"，有少数调皮的猪时常拱开栏杆，跑出来撒野，甚至窜到菜地捣乱。父亲下放劳动的第三天，就发生过这样的情形：10多头猪钻出圈来，乱跳乱窜。饲养员及时发现后，忙跑过去，抢起竹棍就打，经过几个回合的圈击，才把它们赶进猪圈。

当我父亲走进猪舍一看，倍感惊讶，圈内臭气熏天，牲猪长期处于禁锢之中，从未见过阳光，怎能长膘呢？又怎能不生病呢？他急不可待地向姚管理员建议，将猪舍后面的两亩多荒坪圈起来，作为牲猪的活动场地。姚管理员马上吩咐老工友，从生产基地收集材料，如木条、竹竿、铁丝、铁钉等，很快就把所需的材料备齐了。

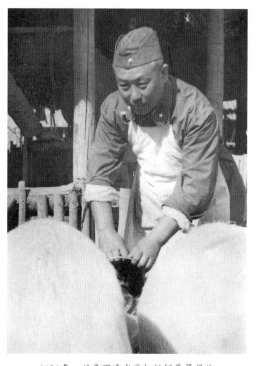

1958年，父亲下连当兵担任饲养员喂猪

开工的日期，父亲记得十分清楚，那是1958年11月27日，由他领头设计，划线定位，然后将木桩打进土里，沿柱子拉起铁丝网，并在木桩上缠起棱形铁丝尖，防止牲猪靠桩擦痒，再用竹片围成几个小圈，让大猪、小猪、肉猪、母猪分开活动，还在活动场地四周挖上排水沟，直通化粪池。

经过全体人员4天的劳动，大功告成了！饲养员兴冲冲地把猪放了进去，只见猪群在日光下活蹦乱跳地作欢。饲养员抓紧将猪圈冲洗得干干净净，两个小时后开始吆喝，把猪赶进舍内进食。此时，父亲方觉腰酸腿软，手上的伤口似乎像火燎一样，但他的心地却十分宽慰。

在生产基地附近有一个工程师队的厕所，粪便常满出来到处臭烘烘的。父亲想：把它弄过来浇萝卜、白菜多好啊！于是邀一同下放的四位同志干起来，一次淘粪两三担。赶大车的老秦见到了，回到宿舍里大肆宣扬："我在生产基地干了这么久，第一次亲眼看到将军亲自掏大粪，太了不起了！"菜园班的两个年轻同志，老是不愿同泥土肥料打交道，父亲的行动使他们俩感到羞愧，第二天就不声不响地淘粪了。

时间过得真快，我父亲下放劳动一个月的时间到了，可他真舍不得离开，总嫌时间太短，同工友和战士们一起脚踏实地的劳动、生活，似乎比坐办公室要愉快，要轻松得多，同群众的关系也真正密切得多。即将离开生产基地的最后一天，父亲和几位下放的干部清早起床，冲洗猪舍，打扫工友们的宿舍，把工友们的衣被叠得整整齐齐，还亲手做了三

1958年，父亲和一起下连当兵的机关干部合影留念

个浇水瓢，送给三位种菜的工友作纪念。

这天下午，父亲向大家告别，真是难舍难分，几位老工友噙着眼泪说："我们的好政委，你要常来呀！"父亲紧紧握住他们的手，深情地说："我永远也不会忘记你们，不会忘记你们的勤劳、艰苦、忠实的品质。"

下放生产基地当兵值得追述和回忆，我父亲以动人的文笔写了一篇3000余字的文章《生产地一月》，后刊载在1959年的《战士杂志》第4期上。

摄影写书，多才多艺

父亲在家里常和我们谈诗论文，幽雅欢聚。他在家里对我们是一律平等的，教育孩子常常是寓教育在幽默中，家里的剩菜剩饭从不倒掉，而是第二天热了再吃。为了教育我们养成艰苦奋斗的作风，有一次他在饭桌上风趣地说："我们家就我一个男的，是少数派，你们都欺负我，每次吃饭都是我打扫'战场'。"

20世纪70年代初，市场蔬菜供应紧张，淡季的时候，农贸市场蔬菜供应很少。吃饭时，三姐平平说："我如果认识一个菜农就好了。"这时五姐南胜笑着看着爸爸说："咱们家就有一个菜农。"爸爸心领神会地说："我不就是一个菜农吗！可是你们谁也不帮我干点地里的活，如果你们帮我干点活，菜园蔬菜多了，吃菜就不用愁了。"当然在我们的眼里，在家庭中，更把父亲看作是一位会炒湘菜的厨师，会养花种树的园艺工，会修修补补的鞋匠裁缝，会种菜养家禽的农家人，是一个一辈子艰苦奋斗的忠诚的军事、政治、外交领导岗位上的优秀战士。

1982年4月，五姐南胜写了一篇万余言的《献给爸爸：人生75古来稀》的文章，父亲阅后，写了深切的评语："看了南胜写的对我的片段的回忆，使我非常感动。她的心灵纯朴，记忆有条理，文化不高，对我评

1971年，全家在武汉东湖合影

价很高。她热爱新社会，热爱共产党，热爱革命的家庭和热爱我。读完此文使我多么不安，真是'养不教，父之过'，我没有尽到做父亲的义务，没有把子女教育成为更有用的人。没有想到子女们的远大前途，甚愧甚愧！"父亲教育我们是有方的，尤其在他身教重于言教的家教下，我们女儿女婿个个遵纪守法，处处以一个老红军的后代严格要求自己，堂堂正正做人，在各自的岗位上努力工作。当年知识青年上山下乡，九妹园园下到湖北京山县（今京山市），踏踏实实工作，先是当妇女队长，后被推荐上了上海交通大学，顺利完成学业。这期间，父亲还多次写信给在上海学习的九妹，勉励她"身居闹市一尘不染，学习马列又红又专"。

1986年，父母在武汉小洪山家中

在我们姊妹中有为了我国"两弹"事业，在大西北核试验基地默默奉献的模范；有医疗战线的专家；有首批见证香港政权移交祖国的驻

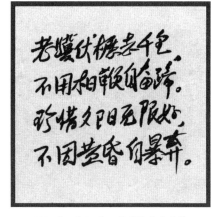

1983年8月25日，父亲做的自勉诗

港部队军官……她们中有的曾经连续两届当选省人大代表，有的在科研中获多项科研成果奖，也有不少踏踏实实工作而立功受奖的人……在女婿中有中国驻外国使馆的武官，有军事科学院的军事科学研究专家，也有新一代的将军……而父亲的自责，只不过是对我们更高的要求罢了。

父亲也是个老牌的摄影爱好者。很早以前就有了一部莱卡相机，算是他的心爱之物，尤其喜欢给我们姊妹们照相。从出生几个月坐在小推车里天真的婴儿，到几岁的顽皮、哭闹，以致耍赖的顽童，刚上学时腼腆的小学生，上中学文静的大姑娘……每个时期都留下了珍贵记忆。姊妹们和阿姨照的、和老师照的、和同学照的、和朋友照的，到最后走上工作岗位的情境，也无一不留在他摄影的照片中。

1959年，父亲任中国驻苏联大使馆武官，工作之余，在黑黑的暗房中，自己冲洗放大照片，妈妈自然而然地成了他最好的助手，他们用大量时间为我们9个女儿，每人整理了两本相册。一本是孩子每个人的成长史，一本是父母的合影，厚厚的相册，倾注了不少心血和思念。后来父亲送给我们两架苏制兄弟牌双镜头120相机，于是在我们的知识中，又多了光圈、焦距、滤光镜、雷登80……我们也喜欢上了摄影，从小小的镜头中看到了新奇的世界，也看到了父亲对我们的希望。

1959年7月，父亲与苏联军官父女

如今，我们每个人都有几十本相册，但最珍贵的还是父亲送给我们的那两本。每当翻阅这些泛黄的照片，就像翻阅生命，从每一张照片中，都可以感受到父亲深沉的爱……

在父亲的影响下，我作为业余摄影爱好者，在驻港部队任职期间，摄影出版了《驻港女兵》的影集，见证了香港女兵许多英姿飒爽的瞬间和女兵们丰富多彩的军营生活。老一代的摄影家、中国女摄影家协会原主席侯波还为该影集作了序。

父亲还喜欢金石篆刻和收藏，常常戴着老花眼镜精雕细刻，有一股坚韧的细心和耐心。在笔筒上雕刻图画，一枚"潘振武赠"的篆刻为许多人所熟悉。无独有偶，五姐南胜也喜欢上了篆刻。1986年以来，她师从名家孜孜不倦，刻苦学习，10余年篆刻印章500多枚，1996年和1997年分获"晴川杯"优秀奖。她的个人艺术简介被收入中国国际广播出版社出版的《中国当代艺术界名人录》。

父亲自刻的姓名章

1982年5月，父亲受总政治部文化部之约，撰写红军时期战士剧社的回忆录，他欣然应允。1984年12月，洋洋10多万字的《战歌春秋》由解放军出版社出版了，书中记述的战士剧社走过的历程以及所做的一切，将作为我党我军早期领导军队文艺工作光辉业绩的一页永存。

1984年5月，老一辈无产阶级革命家聂荣臻在百忙中为此书题词："红一军团的文化宣传工作是卓有成效的，它鼓舞了士气，发扬了革命英雄主义与乐观主义精神，愿这种光荣传统在历史新时期发扬光大。"

1982年，父亲坚持学习

解放军原总政治部主任肖华为书作序，序中写道："潘振武同志的回忆录《战歌春秋》，记述了红一军团战士剧社创建和发展的历史，重现了红军时代文化生活各方面的风采，歌颂了我军政治工作的光荣传统。读后，颇感振奋。"充分体现了老一辈无产阶级革命家对我军文艺工作的关怀。

"采菊东篱下，悠然见南山。"父亲以平和心态对待离休后的生活，不给组织提任何政策待遇以外的要求。

1983年11月，地处大西北黄土高原的甘肃省绿化委员会，收到一个精巧的小包裹。打开一看，里面装着许多颗粒饱满的蜡梅种子，还有一封热情洋溢的信，其中写道：

甘肃偏西北，高原天气寒。

小平有指示，绿化二十年。

全国献良种，各省大支援。

休干不例外，全家齐动员。

收集腊梅子，此花最耐寒。

千里寄亲人，聊表心一片。

装点我祖国，神州春满园。

诗信最后落款是："武汉部队离休干部潘振武。"当中央领导同志多次发出建设好大西北，种草种树，改变黄土高原自然面貌的指示时，父亲的心也飞到了那块他曾经战斗生活过的地方。但寄什么最好呢？松

1983年，父亲在精心选择自种的蜡梅种子　　20世纪70年代担任湖北省委书记的父亲在林场与种植员谈油橄榄栽培情况

柏、冬青……最后他选定了蜡梅。以蜡梅苦寒耐霜的风骨，比喻勤劳勇敢的大西北人民。当家院内那株蜡梅种子成熟的时候，父亲发动妈妈和我们一齐动手，采摘并精选出8两多饱满的种子，寄给了甘肃人民，也寄去了一个老红军战士强烈的爱和深切的希望。

昔日温饱，当今环保

早在1986年，晚年的父亲就洞察到环保方面的问题，看到长江遭污染，十分担忧，为此曾写过一首《长江怜》以抒自己热爱祖国大好河山及忧虑之情。刊载在《长江日报》上，全诗如下：

长江怜

1986年

昔人皆言长江长，

老夫今惜长江脏。

百道浊流污江水，

鱼虾珍豚多遭殃。

颂扬长江怜长江，

愿以小诗告一状。

生产不忘环境美，

莫让长江改姓黄。

对此，父亲还在诗后加注称："本当写《长江颂》以书大江英姿。但见江水污染甚重，叟心甚惜，浮想成篇，写成《长江怜》。颂扬声中有惜声，虽是变调，未必和者皆寡，若能成意，吾心足矣。"

中苏外交担重任

父亲1959—1963年出任中国驻苏联大使馆武官，受命于中苏关系紧张时期。

中苏两国的《中苏友好同盟互助条约》是斯大林时期的1950年2月14日在克里姆林宫签订的。当日，中华人民共和国总理兼外交部长周恩来，苏联外长维辛斯基还分别代表各自政府签订了《关于中国长春铁路、旅顺口及大连的协定》《苏联贷款给中华人民共和国的协定》。之后一段时期内两个国家互相支持，反对美国推行侵略政策，在世界上发挥着重要作用。

1953年3月5日，斯大林逝世。同年9月，赫鲁晓夫被选为苏共中央第一书记。1954年9月，赫鲁晓夫率庞大代表团来参加中华人民共和国5周年庆祝活动，答应苏联军队于1955年底以前撤出中苏

1960年，父母在苏联

共用的旅顺口海军基地，并将该基地交还给中国；将中苏合办的新疆有色及稀有金属公司、新疆石油公司、大连轮船公司和民航公司中的苏联股份于1955年1月1日起完全移交中国，中国数年内用出口货物偿还；决定苏联给中国5.2亿卢布长期贷款，帮助中国新建15项工程，扩建141项工程。那个时代的人们清楚地记得，对苏联，我们的国人开口闭口称苏联"老大哥"，小学、中学掀起学习俄语的热潮，"达哇哩西，兹德拉夫斯特维依捷"（同志，你好）的亲热俄语叫声几乎在所有大街小巷及国内大中小学都能听到，尊敬苏联老大哥，热爱苏联人民。那时候，许多中学生都由学校老师统一提供苏联学校学生的地址，让中国学生主动给苏联学生写信，以加强交流和提高俄语水平。交往中互寄卢布和人民币硬币、个人的相片、明信片，谈家庭生活和学习情况。中苏友谊深入人心。

　　1958年之后，两国关系发生了复杂的嬗变，由结盟到紧张。中苏两党的分歧逐渐加剧，苏共领导把意识上的分歧扩大到国家关系上。特别

1959年，父亲和大使馆同事合影（前排左一为父亲，左二为刘晓大使）

是中国三年困难时期，苏联政府突然背信弃义，1960年7月，1个月内把在中国的1390名苏联专家全部撤回，决定派来的900多名专家也不再派来，同时撕毁了343件专家合同和合同补充书，废弃了257项科学技术合同项目。"雪压冬云白絮飞，万花纷谢一时稀。高天滚滚寒流急……"中苏关系笼罩在一片乌云中。在这样的斗争情势下，父亲出任驻苏联大使馆武官，工作之艰难是可想而知的。

1959年7月1日，父亲从北京启程，经中华人民共和国的东北、内蒙古、满洲里，3日5时到达苏联的奥得波尔，后经赤塔、伊尔库茨克、克拉斯诺亚尔斯克、新西伯利亚、鄂木斯克，于8日下午到达莫斯科。父亲在驻苏大使馆工作几年中，耳闻目睹的各种现象，使他困惑不解：当时苏联的工资差别很大，赫鲁晓夫的月薪高达3万多卢布，相当于普通工人的60多倍；福尔采娃（注：苏联第一个进入中央政治局的女性）的月薪也有2万多卢布。有个少将军官，身兼多职：科学院院士、教授、科学院物理化学部主任、科学院院士书记、科学院附属研究所所长、《物理化学汇报》主编等，每个职务都有薪金，他专门雇请了一名女秘书为他收薪金，每月至少可得两万多卢布，过着奢侈的生活，莫斯科的老百姓骂他是"新贵族"。

1960年，父亲在莫斯科大学前留影

当时，西方腐朽糜烂的文化艺术也在那里开始泛滥。1962年圣诞节的晚上，在莫斯科大学求学的中国留学生，来到大使馆，说要到这里"文化避难"，要求观看国产影片，武官处的同志热情地接待他们，为他们放映黄梅戏影片《天仙配》，他们兴高采烈，活像一群离家的孩子回到家里一

父亲（中）任驻苏武官期间在八一招待会上

样。父亲从罗马尼亚驻苏武官处回到大使馆，见到这样的热闹场面，便问："怎么你们今晚有如此闲情逸致来大使馆看电影？"翻译官小杨调皮地说："他们是来避难的，怕当俘虏，一群苏联学生拉他们去看裸体舞。"原来，莫斯科大学的两侧，有一个学生游艺室，每逢周末的晚上，就由一群浪漫学生举行晚会，自从西方的摇摆舞出现在莫斯科，这个游艺室就成了"摇摆乐园"。近年来，摇摆舞在这个游艺室已成为过去，取而代之的是法国的裸体舞，男男女女就像发了疯似的进场狂跳，边跳边脱衣，俟灯光一暗，舞场上就播放靡靡之音，节奏放慢，此时的男的身上只剩下一条领带，女的身上只剩下一双高跟鞋了！当父亲听到这里，深深地叹了一口气，但没有说什么，因为刘晓大使曾与他谈过："对驻在国的问题不可公开议论"。在他的脑子里产生了这样的印象："第一个社会主义国家在和平演变。"

中苏关系虽然在很多方面有了裂痕，但是苏联的大多数人民和一些高级官员还是留恋中苏友好往来中结下的深厚感情。在接触中，他们表

1959年，父亲与苏联军官合影　　　　　　1961年，父亲（前排左三）与苏联军官在一起

示了对中国诚挚的友好。有一位叫布琼尼的骑兵元帅。每次见到父亲时都非常亲热，问长问短，他不止一次地对我父亲说过："我是苏联人，但我的心一半在苏联，一半在中国。"在一次招待会上，这位元帅还特意把他当军官的儿子带到父亲的面前。指着父亲对他的儿子说："这是中国驻苏联的武官，是我最好的朋友，特地给你介绍一下，让你也认识认识我们的中国朋友。"他还叮嘱儿子一定要和中国保持友好关系，珍惜中苏两国人民的友谊。几天之后，父亲亲登门拜访了苏联骑兵元帅布琼尼，两人进行了亲切的交谈，布琼尼说："我带兵去贵国东北打过日本关东军，如果帝国主义敢侵犯，我们就并肩作战，一定能够击败敌人。"他感叹地说："唉，列宁睡着了，列宁的卫士也睡着了，魔鬼跑了出来，在兴风作浪，我们这些带兵的不安啊！"父亲听了这位元帅的叹息，没有应和，只是说："一切都会好起来的。"他暗暗地祝福我们的祖国繁荣富强，永葆社会主义青春。有一次，父亲去哈尔科夫炮兵无线电技术学院，该院的技术副院长和政治副院长接待了父亲，他们俩到过中国，还保存着中国出席宴会、招待会的请帖和颁发奖章的证书，专门把这些东西拿出来给我父亲看。他们对中国的印象是非常好的，开始，这位技术副院长表示沉默，到宴会快结束的时候，他低声对我父亲说："我到过中国，我不会忘记中国，也希望中国朋友不要忘记我们。"

回忆是痛苦的也是幸福的……说不完的一桩桩，一件件，酸甜苦辣，思绪万千……父亲生前对我们说得并不多，更多的是用行动教育着我们，感染着我们，父女情深，暖意绵绵，就让一首诗来结束女儿对父亲永远的思念……

　　　　您是一棵大树，
　　　　我们是树中一群欢乐的小鸟。
　　　　您是一片海洋，
　　　　我们是海洋中最美丽的浪花。
　　　　您是一个湖泊，
　　　　我们是湖中跳跃的鱼儿。
　　　　您是我们心中的太阳，
　　　　我们是您心里永远闪耀的那颗最亮的星。

1987年4月，父亲退休后仍然坚持每天练习书法

简　历

张国华（1914—1972）

　　曾用名张福桂、李亚霖，江西省永新县怀忠镇人，中国共产党党员。中国人民解放军高级将领，参加过长征、抗日战争、解放战争。1955年被授予中将军衔，曾任中国人民解放军第二野战军第五兵团第十八军军长，西藏军区司令员、军区党委书记，中印边境自卫反击作战前指司令员，中共西南局书记处书记，成都军区第一政委、军区党委第一书记，四川省委第一书记等职。中共第九届中央委员，中共第八、九届中央军委委员，中华人民共和国国防委员会第一、二、三届委员，第一、二、三届全国人大代表。1972年因公殉职，民政部批准为革命烈士，终年58岁。

初心如磐

父亲说：只有爱劳动，才会爱劳动人民

◎张小军

爸爸是从井冈山革命根据地走出来、在红军队伍中锻炼成长的一名战将。他在党的培育下，在艰险困苦的斗争中，坚定了革命的人生观、价值观，成为我军一名优秀的政治工作者和军事指挥员。

然而由于爸爸的工作太忙，他和我们在一起的时间非常非常少。家教严、规矩多、坚持中国人的传统是爸爸留给我们最深刻的印象。日常生活中，他又是个有文艺天赋、生活品位挺高的人。

凡事教我们往"深"想

爸爸对我们向来有很高的要求、很多的规矩，只要他有一点时间，总会很认真地检查我们的学习、观察我们的品德。小时候总觉得爸爸似乎永远都在思考问题，而他也常教我们凡事往"深"里想，形成正确的价值观。

"你必须做一个对国家有用的人。"就是爸爸经常对我们说的话。爸爸告诉我们："是国家和人民养活了你们，所以你们长大后，一定要做一个对国家有用的人，要报效国家。"同时又告

十八军进藏途中爸爸第二次过泸定桥，他在讲述1935年长征的经历

诉我们，组织上为他配的司机、警卫员等都不是我们这些子女应该享受的，我们所享受的一切都是国家给的，并不是理所当然应该得到的。所以不管刮风下雨还是什么特殊情况，都没有想过要蹭爸爸的车。在爸爸的教育下，我们从小就懂得，将来要靠自己努力，不要把物质看得太重。

爸爸很少跟我们讲他在过去那段艰苦岁月的经历及所获得的种种荣誉。我1969年底参军，参加野营拉练时大家都想超越一个目标——那就是当年红一军团二师四团一天一夜步行240里，从大渡河赶到泸定桥。有时候问父亲"长征苦不苦"，他也只是说："过草地时连着下了一个星期的雨，不能躺着……有时候一两天吃不上东西……

小时候看电影，我们都最喜欢看战争片。只不过当我们兴高采烈地看着激烈的战争场面，热烈地讨论着怎么怎么打仗时，爸爸总是若有所思地对我们说："你们别觉得看着高兴，打仗不是好玩的事，别把战争想得那么简单，那是用多少人的生命换来的胜利，你们才会有今天的生活。"现在我已能理解，那些真正经历了战争的人，为什么不喜欢看战争片。因为他们虽然不惧怕战争，但并不喜欢战争，他们有更多理性的思考，他们才是真正懂得战争意义的人。

1954年春，爸爸和我

规矩多得近乎苛刻

爸爸很喜欢孩子，也许深受传统文化影响，认为"严是爱，松是害"。因此，给我们定的规矩特别多，有些近乎苛刻。

上学时，每次放假前，爸爸都会要求我们事先制定假期作息时间安排。他的理由是："放假了，不去学校就没有人管着你们了，所以你们要自己对自己有要求，要事先规划好这个假期准备做多少事情。"

除了"自选内容"，每到假期爸爸还会给我们布置许多"规定动作"。每天坚持练毛笔字，只要他在家，都会来检查我们的习作；早上起来，我们三个孩子要打扫院子、浇水，平时我们上学不在家的时候，这些活有人做，但一放假这些活就都归我们做了；爸爸的手绢和袜子这时候也归我洗了……家里种的葡萄树、桃树，每年要自己淘粪施肥，爸爸要求我们必须参加；家里烧锅炉要拉煤，我们也必须参加劳动，还要

1960年，全家福

负责倒炉渣……那时候我淘过大粪，扫过大街。但这就是爸爸的教育方式，在潜移默化中让我们养成爱劳动的习惯。爸爸说："只有爱劳动，才会爱劳动人民。"

记忆中，爸爸从小就给我们列了一大堆"不许"，就连一些小事也有规矩。在他面前，我们不能跷二郎腿，有时候看到我们的坐姿不好，他会让我们当即改过。他常讲"无规矩不成方圆"，必须站有站相，坐有坐相。吃饭时，如果有剩饭菜必须先吃剩的，一定要把碗里的饭菜吃干净，不允许浪费粮食。此外爸爸还规定我们"不许拿着冰棍在马路上边走边吃"，"不许吃零食"……现在想起来有些规定可能有点太苛刻，可爸爸当初就是这样要求我们的。但让我们兄妹几个都很服气的是，爸爸对我们要求严格，自己也以身作则。他从来都是昂首挺胸，衣装整洁，每晚睡前必先将衣裤叠好。

爸爸还给我们订了一个规矩——他的工作人员，不管实际年龄大小，我们几个都要喊他们"叔叔阿姨"，以示尊重。

当时我年龄虽然不大，但也特别不甘心管比自己大不了多少的工作人员叫"叔叔阿姨"，时不时还会"反抗"一下。而每到这时，爸

解放战争时期，爸爸张国华与妈妈樊近真合影

爸总要说我一顿。他告诉我："所有的工作人员都是我的同事，按辈分就是比你长一辈，所以别管他们年纪多大，都是你们的叔叔阿姨。"有一次我在爸爸的办公桌上做功课，秘书进来问事，我就坐在位子上回答他，刚巧爸爸这时候进来，当即让我起身："他是你的长辈，怎么可以他站着，你坐着？"直到现在我们见到长辈都会主动站立起来打招呼。爸爸的这种教育，深深地影响着我们日后的待人接物。

颇具品位的生活家

虽然家教严、规矩多，但家里从来不缺乏欢乐。因为爸爸本身是个挺随和的人，和我们一起玩的时候也风趣活泼、很随便。参加革命时当过俱乐部主任、文工团团长的爸爸，颇有文艺天赋，吹拉弹唱样样在行。在家里，我们能欣赏到他拉二胡、吹笛子、吹箫，他还会唱歌、会跳舞。有一次，爸爸看了杂技"高台定车"，回到家以后，竟然骑自家的自行车给我们表演起来。

记得那时候，我们经常跟爸爸看戏，话剧、京剧，还有川剧、豫剧、河北梆子。传统的、现代的都看过。他并不是单纯的带我们去看热

1960年6月，爸爸在拉萨各界欢迎登上珠峰三位队员凯旋大会上与登山队员握手

闹，而是会精心挑选一些他认为有益的剧目，让我们从中汲取养分。

爸爸是个特别热爱生活的人。他和大家一样喜欢打乒乓球，可是家里没有乒乓桌，怎么办？爸爸让我们把几个书桌拼起来，就开打了。拼起来的桌子中间有坎，球碰到坎就会跳走，这时候大家都会赖皮，爸爸也一样，会跟大家一起"吵"。在我眼中，爸爸张弛有度，工作时很认真、很紧张，但玩的时候很随意，打牌还可以和他出"老千"。

爸爸经常对我们说，理想的生活，应该是充满情趣和希望的。用现代人的眼光来看，爸爸应该算是个颇具品位的生活家。他特别喜欢养兰花。院子里的葡萄树和几棵桃树，都是爸爸当年种的。

爸爸和战友之间的关系也特别好。印象中，爸爸有块新手表，刚带了几天就不见了，问他："哪去了？"他很随意地说："你杨勇伯伯喜欢，给他拿去了。"

也许是因为好学，爸爸也总能成为事业上的"专家"，尽管参加革命前爸爸只读过四年半私塾，可是后来他自学过几何、三角和英语口

20世纪40年代，父亲等人在抗战前线（左一张国华、左四杨得志、左七杨勇，由解放军档案馆提供）

语。到西藏后重点学藏语，据当年他的翻译人员讲，爸爸在与当地群众打交道时可以直接用藏语交流。

爸爸走过西藏的大部分地区，熟悉当地自然环境，了解农牧业、矿产资源。20世纪60年代为了开发西藏，他亲自去求教地质部李四光部长。事后李四光同志竟然不相信他连小学都没有毕业。

做藏族同胞的朋友

我们从小在北京长大，可是在我们的心里却有着与他人不同的梦，那就是西藏——我们魂牵梦绕的美丽地方。

从小家里除了几个孩子、爸爸、妈妈，秘书、警卫员、炊事员，来来往往的客人都是"老西藏"。我们亲身体会到了爸爸妈妈他们为了祖国的统一和西藏人民的幸福，舍小家、顾国家所付出的巨大的努力。为了民族团结，国家统一，他们殚精竭虑；看到贫苦农奴悲惨境遇，他们痛苦流泪；听到藏族历史上受到的歧视和不公正待遇，他们愤怒。这些从青少年时代就深深影响着我们。

作为老西藏的后代，我们有着和他人不同的经历。从事民族宗教工作的爸爸，常常带着我们拜访民族宗教领袖。让我们从小了解藏族的风俗习惯。我们陪同他们的亲属子女出行访问，几十年来结下深厚的情谊。当然爸爸并不简单地带着我们玩，我上初中以后，他会有意识地和我讨论所见所闻，引导我认识各族人士的特点，即使在"文化大革

1959年5月，张国华（中）在西藏工作期间到农村做调研（左一为阿沛阿旺晋美）

1950年3月7日，四川乐山，爸爸在十八军进军西藏、解放西藏誓师大会上作动员讲话

命"中爸爸受到群众组织围攻，处境困难，他仍然尽力保护藏族爱国人士，保护寺院、布达拉宫、罗布林卡。

爸爸和妈妈从20世纪50年代初进藏，完成祖国大陆的统一。从那时起我们一家就与西藏紧紧地连在了一起，爸爸去世已经52年了，作为"老西藏"的后代，我们没有

妹妹小难在十八军进藏誓师大会上向叔叔阿姨们敬礼，她永远地留在了进藏路上

忘记：西藏神奇美丽的土地，善良纯朴的人民。我们觉得藏族同胞就是我们的兄弟姐妹，我们同他们有着一样的喜悦欢乐，共同的忧愁困惑。

1959年5月，父亲与西藏工委领导到山南农村访贫问苦、调查研究，为制定民主改革方针政策做准备

我想所讲这些，没有在西藏长期生活过的人是难以理解的。可是如果你认识和接触过老西藏和老西藏后代，就知道我们一样有着永远不会消磨的西藏情怀。

1963年，父亲在中印边界作战前线指挥作战（左起：石泙樵、张国华、顾草萍、邓少东）

爸爸从1951年进藏，在西藏工作的十几年。他深爱着那里美丽的雪山、广袤的草原和善良的人民。至今，藏族人民依然怀念他和十八军的战友们，藏族同胞称赞他们是"老西藏"，对于我来说，这也是对爸爸最贴切的评价。这也深深地影响了我和家人，西藏成了我们几代人心中的梦，藏族人民是我们永远的朋友和亲人。

简　历

邓龙翔（1913—1979）

江西庐陵（今吉安）县永阳镇邓家洼下边村人。1929年参加中国工农红军。1931年加入中国共产主义青年团，次年转入中国共产党。曾参加土地革命战争、抗日战争和解放战争。新中国成立后，任师长、海军水警区司令员。1954年进入南京高等军事学院海军系学习，1956年毕业，任海军青岛基地副司令员、海军北海舰队副司令员。中共九大、十大代表。1955年被授予少将军衔。1979年5月6日，在北京病逝，终年66岁。

王素文（1917—1987）

1917年7月生于青岛城阳夏庄镇。1937年加入抗日民族先锋队。1938年2月参加抗日游击队。1940年6月加入中国共产党，曾参加抗日战争、解放战争。新中国成立后，历任济南警备司令部副政治协理员、济南警备区干部部组织干事、长山水警区干部部组织干事、政治协理员等。1960年后服从组织统一决定，与大批女干部一起分配地方工作，不久因病休养。1987年6月，因病逝世，终年70岁。

天高秋月明

◎邓纯瑜

　　1929年2月，一个挑夫出身的少共队员在他的家乡江西吉安参加了红军。1938年初，一个青岛教会女中毕业的学生在她的大哥，一位由一大代表邓恩铭介绍入党的我党早期党员的指引下，从沦陷区历经艰险投奔了八路军。几年后，两人在抗日烽火中结为夫妻，从此相濡以沫走完他们革命的一生。他们就是我的爸爸妈妈。

　　爸爸去世40多年了，他生前很少谈到自己，也无暇谈及过去，随着他的离世，尤其他早期的革命活动，或已湮没在了历史长河中。

1947年，爸爸任山东军区北海军分区司令兼烟台警备区司令

　　爸爸去世时不到66岁，如果他有幸再活10年、20年……我们也许可以听到他亲自评介许多丰富多彩的革命历史，叙述他一生奉献革命的跌宕经历。例如：他苦难的童年，他在苏区遭遇的"AB团"事件，长征中他与入党介绍人的生死离别，参加平型关大战，"湖西肃托"事件中遇险，与我大舅在抗

初心如磐

日烽火中由亲密战友进而结成郎舅的故事，抗战胜利之初奉命组织海运大批胶东八路军主力迅速进军东北，两次率部解放烟台，和大舅一起主持参与山东解放区与联合国救济总署的谈判与合作。他在蒋介石大举进攻山东解放区时，派怀着身孕的妈妈带领后方家属儿童历尽险阻撤离胶东，在东北图们江一线艰难辗转躲避战火屠戮；他在解放胶济沿线城镇、解放青岛、长山列岛等系列战役中立下的殊功……

1949年5月，爸爸（持望远镜者）在青即（青岛—即墨）战役前线指挥作战

可惜历史没有如果！可惜作为晚辈，我难以将父辈的这些历史完整记录。

此时我能做的，只能是真实地记述自己记忆中的爸爸妈妈。当然这些远不足称其为历史，然而，当一个人将自己无私地献身于民族解放与社会变革的伟大洪流中，为人民做出贡献，那么他的生命折射出的光芒，就必将为后人所铭记。今天的人们，大都未曾走近过那片满目疮痍的故土，经历过那个筚路蓝缕的年代，所以未必都能真实地感受到那些革命先驱的信念和理想。从这个意义上讲，将这些记忆的碎片真实地记述下来，使他们得以在人们的铭记中再次鲜活灵动起来，这就不单单是在纪念某个人，也是在叙说一段历史。

和爸爸一起过"八一"

1913年9月，爸爸出生在江西吉安一个贫苦农民家里，幼年由族人资助读过两年私塾，终因家境贫寒辍学，小小年纪便随爷爷做挑夫，此后又离乡背井去湖南做童工。1929年2月，不满16岁的他参加了素有"铁军"（原叶挺独立团）之称的红四军二十八团，从此出生入死浴血疆场，从一名士兵成长为共和国开国将军。

战场上，他运筹帷幄，多谋善断，用兵缜密，指挥若定，作风硬朗，行动果决，善出奇兵，善打硬仗。而在战友和亲人的记忆里，他又是个性格开朗，待人真诚，视战友如兄弟，兴趣爱好广泛，极富生活情趣的人。《齐鲁英烈》书中记述了1947年烟台保卫战中，爸爸率部队涉水渡夹河与敌二十五师展开激战，一位同志中弹牺牲被河水冲出老远，爸爸冒着敌人密集炮火跳入河中将战友尸体抱上岸，派人抬到附近村中掩埋。后来他率部再次解放烟台，又亲自安排将烈士遗体妥善安葬在栖霞英灵山烈士陵园。

爸爸爱听也爱唱京剧，常把那段："长坂坡赵子龙（救阿斗），杀得曹兵个个愁，这一班武将哪个有，还有诸葛用计谋"挂在嘴边。他的老部下赛时礼是胶东军区著名的战斗英雄，赛叔叔擅长唱京剧，闲暇时二

1950年，爸爸（后排站立者左一）与华东警备第四旅全体英模合影

人时常拉起京胡来上一段皮黄。老八路韩居乐在回忆录里写道："赛时礼当北海军分区作战科长时，邓龙翔任军分区司令，他非常欣赏赛时礼制定的作战方案，也爱听赛时礼唱京戏，兴致来了，俩人还会一起唱上几句。一次，正当大家热热闹闹在一起唱戏，忽报敌人来犯，邓司令把手一挥下令：立刻按作战方案各就各位投入战斗！才不过一个多小时就把来犯的敌人给解决掉。大家回来又接着唱戏，还痛痛快快地喝起了高粱烧。再后来，邓司令就让赛时礼操办着在北海军分区组织起京剧队，在军分区驻地演出了《打渔杀家》《棒打无情郎》《空城计》三出戏，稍后还为配合政治宣传赶排了反霸内容的新戏《河伯娶妻》，受到部队和百姓的热烈欢迎。"

解放战争期间部队缴获了两部莱卡相机，爸爸如获至宝，马上摆弄起来，很快就学会了。青（岛）即（墨）战役前，爸爸将其中的一部相机交给军区派到警四旅的战地记者傅正友，另一部相机爸爸则用它记录了很多珍贵的历史事件，都是一寸大小的照片，足有几百张，汇集了三大本相册。因为酷爱摄影，他在家中辟出一间小屋专做照片冲洗之用。

100师师长兼政委邓龙翔（左三）与战友合影，参谋长傅蠡僧（中），政治部主任任克加（左一）

1950年初，邓龙翔（前排左四）、萧劲光（左三）、赵一萍（左二）等与海军青岛基地筹备处成员合影

　　哥哥、姐姐小时候常见父亲躲进小黑屋，窗子也关得密密实实，有时好奇推开门进去，爸爸就会赶紧叮嘱：当心，别让照片曝了光。

　　爸爸爱好体育，会打篮球，喜欢游泳、骑自行车、郊游和武术，尤善舞剑，因少年时做过挑夫，爬山时总是健步如飞。他不仅个人喜好体育，还十分关心部队的体育活动。他的老战友张少华回忆："青岛解放后，他（爸爸）派人送来一些作战缴获的银圆让我帮部队代买篮球。我托烟台市有关部门从香港买回来，他非常高兴。他不仅自己爱好体育，还亲自抓部队的体育工作，成立了篮球队，组织各单位之间的篮球比赛，不但活跃了部队生活，也密切了干部和战士的关系。"在爸爸家乡，一条美丽的禾水河从家中老屋的西边流过，爸爸自小就通水性，很喜爱游泳，夏季工作之余常去游泳放松。而每天清晨练几路剑法，也是他多年坚持的习惯。

　　爸爸还是做饭烧菜的高手，他当年的警卫员谷涌源回忆：解放战

初心如磬

争期间，华东军区联络部黄远副部长到烟台警备区，爸爸用孩子的保育费买来食材，亲自下厨请他和军分区领导一起吃饭。新中国成立后一些老战友来青岛，常会对爸爸笑嚷着，要到家里来讨一顿他亲自掂勺做的饭菜。

爸爸妈妈对人民军队的感情极深，他们把子女全都送到部队当兵，所以八一建军节对我们家来说有着特殊的意义。小时候，每逢八一爸爸就会亲自下厨，烧几道井冈山的家乡菜，开一瓶泸州老窖，先是和妈妈对饮一杯，然后就让我们孩子们一起，也像军人那样把饮料一饮而尽。酒酣微醺时，不多言语的他会在全家人欢声笑语的催促下，深情地哼起他当年长征到达陕北时学会的一支此生不曾忘怀的陕北民歌："鸡娃子叫来狗娃子咬，我那当红军的哥哥回来了——"

纪念青岛解放60周年《半岛都市报》用两个版面刊文介绍爸爸

20世纪60年代，爸爸接见苏联太平洋舰队水声号扫雷舰水兵

那时，我并不觉得爸爸像一个历经血雨腥风的将军——每晚从不间断地秉灯夜读，一笔飞鸟惊蛇的好字，不经意便脱口而出的史海钩沉，还有对戏曲、摄影、书法、体育的爱好和痴迷，这一切，都让我觉得他更像是一个孜孜好学、极富情趣、慈爱可敬的师长。只是在爸爸与他的老战友们一起相聚，看到他们豪爽地举杯畅饮，听到他们开怀地朗朗大笑，那时我才觉得他是个硬骨铮铮的军人。

难忘1963年，共和国面临着国际反华势力沆瀣一气的疯狂叫嚣和挑衅。那一年建军节，爸爸和几位老战友一起把子女带到军港，登上"天目山"号坦克登陆舰，随舰队一起出海，观看为庆祝八一进行的海上操演。

战舰划破蔚蓝的大海破浪前行，战鹰穿越洁白的云朵掠过桅顶，空中飞舞着从运输机跃出的朵朵伞花，军旗猎猎迎风飘舞，汽笛嘹亮声裂海空。在舰艇的甲板上，那些经历了昔日百战艰辛，正在开创今日辉煌的共和国将军，戎装肃立，向每一艘驶过弦边的战舰注目致礼，挥手致意，眼角泛着湿润，脸上却满是豪迈与激越的笑容。那一刻，他们把军人的豪情传递给了身边的每一个人，于是我们这些孩子也像那些军容整肃、列队舰舷的水兵一样，高抬右臂，向火红的八一军旗，向父辈的光荣，献上我们庄严的军礼。

从那天起，我立志长大后要当兵，我们家的姊妹兄弟，在成年时都选择了投笔从戎。1969年我参军来到海军航空兵部队，十多年间，无论站岗、施工，参加战备训练和国土防空作战，我心中始终牢记军人的天职，珍惜军人的荣誉，把每一次立功受奖，都作为献给父辈们用热血映红的战旗的一份光荣。军人的血脉，军人的情怀，融入了我的整个人生。

1964年，爸爸率舰艇部队出海训练

1962年，爸爸在接收苏联"水声号"军舰仪式上致辞

妈妈留下的存折

1960年，海军北海舰队正式组建，舰队一级的首长都是清一色的开国将军，在青岛市，他们的资历、级别、工资都是较高的。

舰队机关的处长、参谋们见爸爸总是和他们一样，抽三毛多钱一包的大前门牌烟，在指挥所值班到机关食堂吃饭也很节省，就在私下里议论：素文大姐干吗这么抠，首长连包好烟、连顿好饭都舍不得，家里的孩子也净穿些旧衣裳。作战处长陈国英忍不住对他嘟囔着，要他把大前门烟换成档次较高的牌子。对此爸爸只是淡淡一笑不作回答。

只有爸爸身边的工作人员，才知道这一切都是因为什么。

爸爸出身贫苦，四岁时奶奶在贫病中去世。爷爷没有土地，只好带上还是个孩子的爸爸一起做挑夫，终年穿行在湘赣间的崇山峻岭中。后来井冈山成了红军的天下，爸爸参加了红军，得到土地的爷爷回到家乡，和一个贫苦女子重组家庭，有了我的叔叔。

红军长征后，爷爷在白匪的追杀中死于外乡，撇下奶奶和年幼的叔叔，孤儿寡母相依为命苦熬到新中国成立。1955年，爸爸妈妈带着两个哥哥、姐姐和襁褓中的我回到家乡，看望在苦苦等待中哭瞎了双眼的奶奶。在那里，爸爸妈妈跪拜了奶奶和村里二十多位同爸爸一起参加红军，却无一生还的红军遗属……

从那一天起，奶奶和叔叔就成了妈妈最牵挂的人。叔叔没有儿子，却有六个女儿，家里缺劳力，靠叔叔一人撑起全家。爸爸妈妈把所有省吃俭用积攒起的一点粮票和家用，都用作赡养奶奶和接济叔叔一家。20世纪60年代初，来自爸爸妈妈的接济是奶奶、叔叔度日的主要支撑。

也许没有人会相信，在那几年里，一位开国将军家里经常是用红薯蔓、南瓜秧、槐树花、榆钱做成菜团子来吃，不会有几个人能想到，一位将军的夫人，会因为营养不良而全身浮肿。妈妈为了每次节省几分钱，常年是将马粪纸裁成小块代替手纸来用……这一切在我的记忆中永生难忘。

爸爸去世后，妈妈把抚恤金全都给了前来奔丧的叔叔。我们姊妹兄弟凑钱给堂姐妹买了缝纫机，让她们可以学裁缝，自食其力地生活。此后，妈妈仍还是不断地尽己所能帮助叔叔一家。

江西吉安永阳镇邓家村爸爸童年故居

1955年，全家福摄于青岛

妈妈去世前，留下一张2400元钱的存折，她嘱咐我们，以后就用这笔钱的利息，每年轮流去济南英雄山为父亲扫墓。这张存折，我们姊妹兄弟至今分文未动。

2004年，叔叔来到青岛，知道了这张存折的来历，年近八旬的叔叔痛哭失声，嘴里一遍遍地喃喃轻唤着："嫂嫂、嫂嫂……"两行泪，从老人的眼中潸潸流出，顺着面颊不断滴落在他崭新的棉袍上。

秋忆桂花香

1960年，北海舰队组建，那一年，我们家搬到了距小鱼山不远的金口路。离我家不足百米的另外两个院子里，住着舰队副司令邓兆祥伯伯和舰队副政委黄忠学伯伯，再向山上走出不远，还住着六十七军军长李水清叔叔。除了邓兆祥伯伯毕业于英国皇家海军学院，算是不折不扣的出自名门，其他的几位，则都是来自井冈山、大别山，出身泥腿子的老红军。虽说新中国成立后，他们先后都在南京高等军事学院读过两年科班，可农民出身的他们，却都有一个此生未曾磨灭的情结——眷恋土地，钟爱耕植。

当几家人先后搬到金口路来居住后不久，这些老兵和他们的夫人们，便都不约而同地率领着家里的一班子弟兵，在自己的院子里开始了新的一轮军垦拓荒。

在爸爸的率领下，我们清除了满院的杂草，深挖了足有两个篮球场大小的土地，打起垄畦，种上了四季菜蔬，又在院子里植下了各种果木

初心如磬

1950年，爸爸妈妈和四个子女在一起

和花草。其中，有一株爸爸十分喜爱，让他时常回想起自己家乡井冈山的桂花树，是他从陆军疗养院的老红军院长罗兆年叔叔那里移回来，栽在了小楼的南窗下。

才不过两年时间，原本荒芜的院子就颇有了齐人左思在他一时令洛阳纸贵的"三都赋"中一篇《蜀都赋》里所描画的样子："林檎枇杷，橙柿樗榟。樱桃函列，梅李罗生。百果甲宅，异色同荣。朱樱春熟，素奈夏成……"尤其是南窗下的那株金桂树，已经渐渐长大起来，每到中秋时节，从她茂密浓绿的枝叶间，就会开出成串金黄浓密米粒大小的小花。夜晚时分，秋风习习，暗香盈动，那醉人的馨香，不仅飘满了整个院子，还一阵浓似一阵地飘进家中。记得有一次，爸爸兴之所至，便叫来喜欢唐诗宋词的姐姐，和她一起来到南窗前，俯身轻吸一口树间浮起的花香，再让姐姐婉转有致地念出那首他十分喜欢的南宋文人范成大吟咏桂花的律诗，"月窟飞来露已凉，断无尘格惹蜂黄。纤纤绿裹排金粟，何处能容九里香……"。

20世纪60年代，国民经济困难时期，家里的这片园子可真起了大作用。餐桌上不仅多了些新鲜菜蔬，还有玉米，红薯、芋头、南瓜可作口粮，就连间下来的那些蔓子、苗子、秧子，妈妈也是掺上玉米面和豆腐渣，做成菜团子来吃。有一阵，妈妈曾打算把南窗下的那株金桂树挪栽到院子的一角去，这样，就可以又腾出一块好地多种些玉米、红薯给家里人做口粮。可这一次，却是被爸爸给拦下了——他太爱那株让他时常想起井冈山家乡的桂花树了！爸爸少年时曾在湖南一家糕饼铺做童工，井冈山处处金桂飘香，爸爸从小就眷恋喜欢家乡的桂花，懂得怎样用桂花制成好吃的糕点，酿出醇香扑鼻的桂花酒，做成香甜可口的八宝饭、汤圆、酒酿。那株金桂树，带给爸爸，带给我们全家太多太多美好温馨的记忆和情思。

"文化大革命"期间，爸爸一直硬骨铮铮直到含冤去世，家中的那棵金桂树，虽然一直都是爸爸的最爱，可在那十年，他却无暇无力常去侍弄它了。这期间，我们家里再也没有吃到爸爸为全家人烤制的桂花糕，做成的八宝饭，酿出的桂花酒，尽管那株郁郁葱葱的金桂树，还是把她那无比馨香的小花，年复一年地开出了满树。

爸爸妈妈去世后，我们搬出了那个小院。爸爸栽下的那株金桂树被移到了一家海滨五星级酒店的正门旁边。

三年后，那株金桂树枯死了。

不知从何时起，人们就把中秋月圆之夜，认作了拜月归亲的日子。借了一咏一叹东坡词里"但愿人长久，千里共婵娟"，稼轩词中"若得长圆如此夜，人情未必看承别"，就把思乡思家思亲的辗转思绪，都倾在了中秋的夜。上一个中秋，我又一次回到家乡，走近爸爸出生的老屋。入夜时分，走在静静流淌的禾水河旁，清风袭来，金桂飘香，秋月

1955年9月，军事学院海军系部分学员授勋合影（前排右一为爸爸）

与星光交相映衬着，愈见澄净皎洁。夜色掩映着若隐若现的远树流林，流逝岁月中那些历久弥新的记忆，又被这秋水长天的清风唤起。情深思念远，天高秋月明，无尽的思念中，仰望璀璨晶莹的明月星光，那熠熠的清辉，多像是爸爸妈妈沉静深邃的目光，在那浩瀚无垠的高天星空里，夜夜流光如星伴月地深情对望……

简　历

罗斌（1914—1994）

　　江西省永新县龙源口镇白口村人。1927年加入中国共产主义青年团。1928年参加中国工农红军。1929年转入中国共产党。

　　曾参加土地革命战争、抗日战争、解放战争。新中国成立后，任华北军区第八军二十三师师长，志愿军空军第十七师政委，海军东海舰队航空兵政委，北海舰队航空兵政委，海军后勤部政委。1955年被授予少将军衔。第六届全国人民代表大会代表，中国共产党第十二次全国代表大会代表。

走近您，追随您

◎罗江红

我的父亲罗斌，已经离开我们27年了，但他的音容笑貌，时常会在我的脑海中映现。

记得在父亲的吊唁活动上，有两位伯伯问我："你了解你们的父亲吗？"我有些奇怪，为什么他们会这么问，他们说，"你们的父亲打仗很勇敢，我跟你爸打过不少很残酷的仗。"父亲去世后，我阅读了一些历史和军史书籍，才意识到小时候从父亲那里听来的故事原来是这么的重要。尤其是在我退休之后，终于有时间收集、阅读与父亲有关的历史资料，让我对父亲有了更多的了解，感觉与他老人家越走越近了。我希望写点简单的事情能让我们的后代了解、珍视并继承父辈那一代人的优秀品德。

父亲与三元人民币

我们姊妹从小就知道有一张人民币的图案是一座桥，那是新中国成立后唯一发行过的三元纸币。

新中国成立初期，第二套人民币于1955年开始发行使用，其中，一元纸币的中心图案是雄伟壮观的天安门，二元纸币的图案是巍然屹立在延安宝塔山上的岭山寺塔，三元纸币的图案是江西永新龙源口镇的古建——久大桥，即后来著名的龙源口桥，五元纸币的图案是全国五十六个民族欢呼胜利的场面，而十元纸币的图案是工农群众代表的形象。这套人民币的图画设计是在讲述新中国的诞生历程——由革命摇篮井冈山到革命圣地延安，共产党和人民军队在一路艰苦奋斗中成长着，一直走向北京的天安门，赢得各族人民的热烈欢迎，建立为工人农民广大人民群众服务的崭新国家。

第二套人民币三元纸币

而三元纸币上的图案龙源口桥之所以被当作井冈山摇篮的标志，是基于当时发生在父亲家乡的一场著名战斗——龙源口大捷。胜利后，朱毛红军与参战百姓还在龙源口桥边举行了热烈的庆祝大会。这次大胜仗奠定了井冈山作为红军根据地的基石。

1928年4月，毛泽东和朱德领导的队伍会师井冈山，蒋介石闻讯后急于消灭这支初生的革命队伍，命令湘赣国民党的军队向井冈山地区展开第一次有规模的会剿。同年6月22日，赣军以杨池生和杨如轩两个师开始"进剿"。杨池生坐镇永新县城，杨如轩作为前线指挥将指挥部设在了父亲的家乡，龙源口白口村的罗氏祠堂。当时父亲在红四军31团任排长，参加了头天的阻击战，也参加了第二天的歼灭战。

在第二天的战斗中，朱德军长和王尔琢参谋长分别带领28团和31团坚守在新、老七溪岭的两座山头，因为这里是通往井冈山的必经之路。贺敏学带领的队伍和袁文才带领的32团坚守在敌指挥部白口村周围，考虑到弹药严重缺乏，不敢贸然攻入村中，他们决定突袭，命令父亲带一个小分队进村去突袭敌人的指挥部。年轻的父亲接受了任务，带着突击队员悄悄地摸进白口村。

1950年，龙源口白口村罗氏祠堂

杨如轩绝没想到人少弹缺的红军敢袭击他的指挥部，立马乱作一团带着部下逃跑了。敌军指挥部被捣毁使七溪岭的战局发生了变化，敌人斗志丧失而红四军则越战越勇。最后红军纷纷冲下山来，把敌人一直追赶到龙源口，又一鼓作气追敌十余里至永新县城，把杨池生和杨如轩的部队彻底赶出了永新城。

这一仗共歼灭敌人一个团，击溃敌人两个团，缴获了大量武器弹药和装备，使根据地面积和人口都得到了扩大。据史料记载："杨师败北全县赤化设湘赣苏维埃政府于井冈山"。

红军时期

龙源口这场战斗是朱毛会师后，打得最大、最重要的一场战斗，打出了井冈山老百姓的信心和决心。这一仗也奠定了井冈山革命根据地的历史地位，因此也被称作共和国的奠基石之战，龙源口桥也成为井冈山革命摇篮的标志，印制在新中国的人民币上了。

袁文才的孙子（见《我的爷爷袁文才》江西人民出版社，2011年5月版，第97页）曾写道："龙源口战斗之所以能够取得辉煌胜利，与袁文才率领红三十二团在战斗中起到的重要作用密不可分。"按照今天的说法，父亲当年的行动是否可称为"斩首行动"呢?

2017年春季，怀着寻根访祖和拜访龙源口桥的心愿，我与爱人和小妹夫妇相约来到父亲的出生地，江西永新龙源口镇白口村。我们拜见了村中的父老乡亲，看了父亲曾经居住过的房屋和罗氏祠堂，参观了井冈山斗争时期毛泽东亲手创建的第一个农村党支部和龙源口大捷博物馆。这座20世纪50年代修建的博物馆，规模虽小，内容却十分丰富。馆内赤卫队员当年用的长矛、大刀、土枪等文物的展示，让人感慨——如此原始的武装却能够打败武装精锐的国民党军队，令人肃然起敬! 尤其当我突然看到父亲的照片时，内心不由得激动起来。真没想到会在这里看到父亲的照片，而且是与毛泽东、朱德和粟裕的照片放在一起。到这会儿我似乎意识到了在我们小时候父亲常讲的关于龙源口战斗的含义了，也明白了父亲他们当年是多么不易。随同我们一起参观的乡亲说，他们小时候入少先队、入团等活动，学校都会组织来此进行传统教育，所以对这段历史十分熟悉。

2017年，我在龙源口桥畔

接着我们来到思念久矣的龙源口桥，它竟然是座道光十七年间修建的单孔拱桥，如今已180岁了。桥由青砖筑就，长33米，宽近3米，敦实地屹立在群山脚下，横跨在苍龙江上。周边青山环绕，桥下稻田簇拥，一片生机勃勃的景象。我怀着崇敬的心情缓步走向桥的中央，眼望着这山山水水，仿佛穿越到89年前；桥下湍急的流水声仿佛变成了战场上的厮杀与枪炮声，稻田里冲杀出一群手持长矛、大刀、土枪的赤卫队员。爸爸身着灰色军装，头戴红五星的八角帽，脚穿草鞋、手持长枪，大步流星地冲杀过来……

今天，在井冈山博物馆陈列着白口村罗氏祠堂的照片和父亲的雕塑，古朴无华的龙源口大捷博物馆里展示着父亲被授予开国将军的照片。家乡人民在为共和国的英雄、来自井冈山脚下白口村的父亲感到骄傲与自豪。

"文化大革命"后父亲与母亲回老家还专门参观了龙源口桥，并在桥边与大伯的后代合了影。40年后，我们也专门来此凭吊先辈。2017年又恰逢龙源口大捷90周年，我希望用此文以表我对先辈的敬意和纪念。我们不会忘记我们是江西老表（江西老乡的称谓），我们的根在这里，共和国是从这里走出来的。

父亲与"南雄北霸"

这里提到的"南雄北霸"是指海军航空兵部队中的两只劲旅。其中的"南雄"即1965年被国防部授予"海空雄鹰团"的海军航空兵第四师第十团。"北霸"是被台湾国民党空军称为"低空霸王"的海军航空兵第二师第六团。这两支队伍是中国海军航空兵部队中的佼佼者，都是尖子部队。前者是原志愿军空军第十七师第四十九团，后者是原第十七师第五十一团。皆是父亲亲手组建并在朝鲜战场上带出来的英雄部队。他们凝聚了一代人的心血，寄托着无数航空兵指战员的心愿，成为共和国海

抗美援朝战争前夕的父亲

1952年，父亲（前排右一）在大东沟
机场指挥楼前与飞行员及地勤人员合影

军航空兵部队发展壮大的基石。

在抗美援朝中，刚刚成立的新中国面临来自西方强国的挑战，国家不仅派出陆军部队参战，还派出年轻的空军参战。当时整个国家都处在百废待兴的状态，可见年轻的空军没有什么优势去面对骄傲强势的"美帝空军"。虽然有"苏联老大哥"的帮助，但我们的空中实力还是远远不够的。

1951年，父亲奉刘亚楼司令员的命令，从陆军调任空军开始组建空军十七师并担任师政委。1952年，父亲和师长率领52名飞行员，42架米格15飞机及全师战斗人员抵达前线安东（现丹东）大东沟机场，加入抗美援朝的空军队伍中。

这些飞行员年轻勇敢，都是经过精挑细选得来不易。父亲对他们宝贝得不得了，格外爱惜。但父亲十分担心他们的安全。因为我们的飞行员平均飞行训练时间较短，较之真正参战还有差距。而我们面对的敌人，不仅经历过第二次世界大战的考验，许多飞行员的飞行时数都超过2000多个小时。当时志愿军空军调防后的兵力对比是，我方保持5个师400架飞机，敌方空军保持了14个联队，1200架飞机。空军17师和其他兄弟部队面临的困难是不可想象的。父亲鼓励这群最可爱的飞行员们：站在我们背后的是祖国、是人民、是亲人，我们必须具备守卫国家的勇气和决心。又说，美国飞行员的优点也是他的弱点，骄傲和轻敌就会犯错误，所以我们要沉住气，树立起敢打敢拼的精神，在敌人轻敌中寻求机会，相信定能取得好成绩。

这些思想理念更增加飞行员的信心与勇气，在战斗方案讨论中，父亲还用游击战术引

空军十七师师长李树荣（左一）、政委（父亲左三）与击落敌机飞行员合影

导他们开动脑筋想出机动灵活的战术方案，头脑不要有框框。另一方面，父亲又提出地面人员要绝对保障飞行员的安全与要求，做好地勤和后勤保障工作，还在生活上给予他们最大的关爱和支持，让飞行员没有后顾之忧。中队长余开良在回忆录里描述过，他们当时由于连续作战十分疲劳，加之战友的牺牲，心情很糟糕，连每日4.7元标准的美餐也难以下咽，父亲就带领各团和大队的政委们给每桌配一名干部，想方设法让飞行员们多吃，把吃饭当作首要政治任务来完成。

最后，空军十七师在朝鲜战场上不辱使命，取得击落敌机23架、击伤4架的不菲成绩，并涌现出一批英雄人物，以擅长低飞特殊技能而闻名前线。

1954年朝鲜战争结束后，解决东海海防的军事行动被提上议事日

1953年4月5日，空军十七师于丹东镇江山隆重安葬抗美援朝空战中牺牲的烈士

程。空军十七师奉命调防宁波前线。那时我小不太懂事，只依稀记得许多个夜晚都有信号弹飘落，还有好几柱探照灯把天空照得通亮。因为敌机经常来侵犯，可看见飞机在天空飞行，无论白天还是黑夜常会响起防空警报的长鸣声。此时老师会让我们手拉手随她钻进防空洞，一群孩子蹲在地上紧紧围绕着老师，如同老鹰捉小鸡游戏中的小鸡和鸡妈妈。老师像鸡妈妈一样展开双臂拥抱着我们，每次的防空警报都会把平日闹腾的小捣蛋们整治得安安静静，手牵手、眼瞪眼，耐心地等待警报的解除。有一天还真听到万炮齐轰的声音，以为战争来临了，后闻是一个误会。那时候的我们，生活天天处在既紧张又安全的氛围中。

后来，第一支海军航空兵部队在东海舰队组成，父亲调任这支部队的政委。之后父亲又调到青岛负责组建了北海舰队航空兵部队。1958年青岛基地北海舰队航空兵的前身在组建的时候，其办公用品经常是由父亲和副司令陈士珍叔叔用工资垫付的。现在国家强大了，军力大大提升了，可当年艰苦创业的历史却不容忘记。

回顾海军航空兵四师的历史，我无限感慨，父亲曾经指挥过这支部队。他们创造了诸多的空战战术和技术的第一。由于这支部队的光荣成绩，海军航空兵四师十团被国防部授予"海空雄鹰团"称号，其中有140多人立功，舒积成还获得国防部"战斗英雄"称号。我们血液里流淌着的红色基因，将一代一代地传承下去的。

1977年，任海军后勤部政委的父亲向海后先进集体颁发锦旗

父亲与我们

父亲除了是一位称职和勇敢的军人，更是一位称职和慈爱的爸爸。

父亲从小就有意识地培养我们读书的兴趣和习惯。他虽出身贫寒，没钱读书，但是父亲的求知欲望非常强，七岁时给地主家放牛，每每路过学堂都止步偷听偷学先生的讲课。后来上了井冈山，他的哥哥与贺敏学（贺子珍的哥哥）是志同道合的好朋友，所以就在贺敏学部下做了一名传令兵。因此在井冈山上父亲有幸多次见到毛委员（毛泽东），毛委员鼓励父亲要学文化，指出"闹革命不学文化是不行的"。他还告诉父亲，没有老师可以请教部队上的师爷（军师、文书），没有笔可以把竹子削尖在地上画，一天学一个字，一年就可以学365个字了。同时毛委员还教育他说："不但要学会认字，还要懂得它的意思，在学知识的同时

20世纪70年代，父亲写的《毛主席教我学文化》

学习革命道理。"于是父亲就随身携带着自制的竹笔，走哪画哪，在后来的两万五千里长征路上，在陕北革命根据地及晋绥地区和他所有战斗的地方都记载着他学习、战斗的脚印。他的文化水平与革命理论得以不断地提高，都是毛委员与贺敏学早期指引的功劳。

20世纪70年代父亲写了《毛主席教我学文化》一书，正是他能够在艰苦环境中持之以恒学习的缩影，故事伴随了许多小学生的成长，课本教育孩子们不论环境多么艰苦，困难多么繁多，只要有决心，有毅力，就可以克服一切障碍，把知识学到手，成为国家之栋梁的道理。当时，这本书也被教育部选为小学二、三年级课本及农民识字课本。

父母常带我们光顾公主坟翠微路新华书店，让我们姐妹各自选书，二老平日十分节俭，但对我们学习方面的花费倒是毫不吝惜，每次我们选的书基本都会全单买下，唯一的要求就是认真阅读，不许囫囵吞枣。在我们各自挑选的书中有《唐诗三百首》，母亲指着那最熟悉的诗句说："书买了不仅要看，还要记住它的意思，'谁知盘中餐，粒粒皆辛苦'，以后吃饭不许浪费粮食，碗里桌上都要把米粒捡起来，谁做不到就不要离开桌子，也不要再来买书了！"母亲还说，"旧社会女子无才便是德，你们现在有这么好的学习条件，一定要珍惜，好好读书，否则你们就会落后于时代的发展，变成无用之人。"

直至今日我们姐妹几个保持着米落必捡、饭碗精光的家风，得益于父母的引导和言传身教，读书更是成了我们姐妹的生活习惯。

常一样，把我和其他几个同志叫到一起，问我们：“学过的忘了没有？又学会了多少？”

毛主席一边教我学文化，还一边教我学政治。我把毛主席教过的字连在一块，就是革命口号和革命道理。在毛主席的教育下，我学习了文化，也学到了许多革命道理。

《毛主席教我学文化》成为小学课本教材

儿时父亲的办公桌是最吸引我光顾的地方，案台上放着一台地球仪、一架飞向天空的飞机模型，右边桌角上放着一些书籍，有毛主席的《愚公移山》《论持久战》，上面有父亲在不同时期留下的印迹与批注。我那时不明白，一本书怎么看那么多遍？！我在去陕西插队时，唯一带的书就是《毛泽东选集》，试图在生活中去探索父亲的内心境界。夜晚，我在窑洞昏暗的油灯下认真通读，遗憾的是那时太年轻、太单纯，思想觉悟没那么高，没有带着实际问题去理解文意。时至今日，我总算知道了父亲对毛主席著作的热爱是发自内心的，《毛泽东选集》实实在在是指导他老人家一生的精神食粮。

我们小时候总爱缠着父母讲故事，什么《三国演义》《隋唐演义》《水浒传》等中的人物形象都在他们的简言梗概中栩栩如生地展现出来，在我的人生中打下了烙印，使我幼时浮想联翩，日日编织着杀富济贫成为英雄的梦想。后来父母亲开始给我们讲家史、军史和党史，还讲姥爷

父母在解放战争中的合影

是如何躲避日本人的追逐、宁死不当汉奸，最终带着儿女们共同走上革命道路的。父亲也讲张思德和白求恩，还讲抗美援朝时空十七师的英雄——王昆和马志荣等在空战中创造的奇迹。我渐渐从行侠仗义的梦想中不断得以改变与成长，革命的英雄主义潜移默化地改变着我的人生观，使我逐步建立了脚踏实地为人民服务的信念。母亲也常说："人的一生要有追求，只有努力了才能实现理想目标。但也不是说你想要什么就一定能得到，自己的心态要平和，即使没有得到，你努力了就行了。"

有一次，我站在父亲跟前口无遮拦地吹嘘自己可以像李向阳（《铁道游击队》的主人公）一样一枪一个把小鬼子都杀光，父亲看着我，缓缓摘下眼镜，站起来摸了摸我的头，严肃地说："孩子，战争不是儿戏，是很残酷的，日本人可都是经过军事训练的，作战很厉害！"说着随手拿起挑窗帘的杆子，做了一个拼刺刀的动作。"这是生死搏斗！不容小觑！首先你要沉住气，双眼紧盯对方，沉着应对你就占了主动占了上风，以气势先压倒敌人，同时观察对手的举动，他不动你不动，抓到机会一刀刺出！勇敢果断，你就会战胜对方了。"

这段话和拼刺刀的动作令我终生难忘，我真的从那一刻起长大了，在后来的人生道路中牢记父亲的教导，在一次又一次的重大事件和生死关头，勇敢面对困境，一步一个脚印直至今日，虽没有天降大任，但也终没有辜负父亲的谆谆教导与期望。

　　父亲不但热爱生活，也很会生活，还十分有情趣，吹拉弹唱他都会，尤其拿手的是吹口琴，每逢我听闻口琴的声音，都会勾起童年的回忆，在那跳跃的音符中，满载着与父母的温馨岁月，寄托着我们无尽的思念。

　　父亲闲暇时最爱吹奏《东方红》《我是一个兵》，伴随着和弦，悠扬有力。这些动人的旋律，让我看到"特殊钢材"造就的父辈们还有浪漫的一面。父亲在某年"六一"时，送给我们每人一把口琴作为礼物，还手把手地教我们如何吹奏，什么左手握琴，右手打拍，一呼一吸，甚是快乐。可惜我们都没有达到他的吹奏水平。父亲有时还会打快板，甚至还会拉二胡。我有时真不敢相信那是在工作中一脸威严的父亲——他曾在战争中多次负伤，右手与左足致残，是二等甲级残废，父亲为了不影响工作，接受了医生关于"拉二胡可以锻炼手指"的建议。他勤学苦练，以坚强的毅力，不仅把已丧失能力的右拇指与食指练得能打枪和写

1993年，妹妹与父亲

字了，还把二胡也拉得相当不错了，医生都说是奇迹。父亲最爱拉陕北的"眉户"（陕北口音念蜜糊），父亲高兴时边拉边唱："so re so，re so si，so re so……"这时，能歌善舞的姐妹们就会扭起秧歌，和着拍子扭来扭去，引得我们笑弯了腰，笑疼了肚子，一片欢乐和睦之景。

　　说到父亲写字，又是一段令我印象深刻的故事。父亲常说："我们建立了一个新中国，就要有新的开始，要学的东西多着嘞。"他曾经先后在抗大、南京军事学院和北京政治学院学习过，有许多学习笔记，记载着不同时期的学习心得，他想写一手好字，但是，他的右手在抗战时期被子弹贯穿致残，那是抗战时期的一次战斗中，一颗子弹穿过父亲的右手，弹片镶入虎口与大拇指内。那时的医疗条件很差，缺医少药，在清理伤口后缝合不上了，医生就勉强将他手掌的皮肤强拉缝上，造成他大拇指和食指难以伸张，右手功能大部分丧失，莫说书法，他写字都困难。但是他以坚强的毅力战胜了后遗症，右手不仅能打枪，还写得了一手好字。父亲的字迹很有个性，练字时不随贴，他自称："人若无自知之明则一事无成，我手残不能握笔，学不来文人的笔体咯，自己只要把'罗体'（这是母亲给他封的）写工整了就可以了。"他还教我写字，一笔一画看着我写，写着写着我就烦了，父亲也不生气，而是和颜悦色地说："写字不是给别人看的，是磨炼自己意志的最好方法。做任何事情没有恒心是不行的。女孩子也要做一个意志坚强的人。"

　　其实，父亲一生还有太多的故事鲜为人知，在此我只是回顾了些

1990年，父母亲在医院

他的功绩、辉煌，并未书写那些让人不愿回首的苦涩往事。之所以这样写，一是愿意留下美好，二也是遂了父亲的心愿和性格——父亲这代人，英雄辈出，他们不管是家境贫寒还是出身富裕，都怀揣着一颗寻求真理、创造新世界的诚心，并义无反顾地为之奋斗一生。尽管在过程中遭遇挫折、逆境，尤其是种种不公平的待遇，仍然以乐观、真诚和坚定来面对，坚持理想、信仰光明，平和地接受历史和命运所给予的一切。父亲常说，和那些在革命成功前就牺牲的先烈相比，自己已经很幸运了，就不再对委屈有任何计较，即使在"文化大革命"期间受到残酷迫害，也丝毫没有动摇一个军人的正直与对党的忠诚。

随着时间的飞逝，我也步入了黄昏之年，但是与父亲相比，我的境界远不能及，经历不比父亲跌宕起伏，更做不到父亲那样面对磨难时的豁达和宽容。我谨希望能够把父亲的精神财富书写出点滴，以飨后人，望有所传承。

简　历

洪宗超（1926—2005）

　　1926年12月生，辽宁省辽阳人。1946年冬参加东北抗日联军，1947年为第三十八军一一三师三三九团战士。新中国成立后，先后在空军锦州第三航空学校学习，后在空军政治部文化部、空军工程部政治部、空军后勤部政治部、空军工程部办公室工作。1979年任空军5704厂党委书记。1983年离休。

鞠躬尽瘁，死而后已

◎洪 刚

我小的时候，对父亲没有太深的印象，只知道父亲是一名解放军，在空军工程部工作。那时我们住在空军大院，平日我们姐弟在一起生活，父亲每天上班，还经常出差，我们很少能见到他，印象中他高高的个子，说话特别洪亮，待人随和，和街坊邻居的关系很好。那时，当有人问我你父亲具体做什么工作的时候，我真的不知道……

1952年，父亲在空军第三航空学校

1970年，空军工程部解散了，我们搬到了位于北京鼓楼东大街宝钞胡同的空军后勤部机关大院（空后大院）。当时正处在"文化大革命"的动荡期间，我和院儿里大一点的孩子们经常跑到空后礼堂看大字报，看看谁的家长又被点名了。没过多久，墙上的大字报中出现了我父亲的名字，有的大字报还在他的名字上画了叉。那时我并不知道画叉的严重性，以为父亲只是和其他小朋友的父亲一样，犯了错误。但渐渐地，开始有人疏远我们姐弟，学校组织的活动也不让参加了，红小兵、红卫兵也参加不了了。我曾好奇地问

1969年，父亲与我在颐和园合影

1974年，父亲与我合影

过母亲，父亲犯了什么错误，母亲什么也不说，只告诉我要照顾好姐姐和弟弟，后来我才知道父亲被打成了反革命分子，被关押起来接受审查了。此后的两年多时间里我都没有再见过父亲，至于他为什么成为反革命分子？被关在哪里？我们全家都一无所知，但我知道他还活着，那年我十一二岁。

1972年6月的一天，我放学回家，一进家门就看到有一个人蹲在那里整理资料，背影熟悉又陌生，我走近喊了一声："谁？"当他站起身回过头，我们两眼对视时，眼泪已经控制不住地流下来了。我哽咽地问了一声："爸爸，你解放了？"爸爸望着我，点点头，说："孩子，你长高了。"那一年我小学毕业，后来很少听他提起这段经历。

1974年底，我特招入伍，尽管父亲不太同意我参军，但在我的坚持下还是答应了。在部队历练的那段时间里，我逐渐懂得了很多道理，学到了很多课本里学不到的知识，对中国共产党和党领导的人民军队有了新的认识，在思想上、行动上对自己有了更高的要求。在党组织的培养下，我向党组织递交了入党申请书。由于入党需要进行组织审查，我将自己想入党的意愿告诉了父亲，父亲很高兴，说我长大懂事了，同时，他也看出了我的疑虑，第一次跟我讲起了他参加革命的经历——

1946年冬，解放战争在东北地区打响，父亲从乡下到城镇找活干，看到东北联军在招募青年参军，当时父亲也听说过共产党军队是老百姓的队伍，是为了解放全中国的队伍，他毅然报名参加了革命的队伍。参军后，通过部队开展的新式整军运动和诉苦教育等运动，提高了阶级觉悟，懂得了人民军队是为人民利益而战斗的，坚定了为人民解放事业不怕牺牲的信念。在长春战役中，父亲被编制到第38军113师339团，先后参加了辽沈战役和平津战役，还在平津战役中获得大功一次。在随后解放全中国的战斗中，他们一路前进，过长江，进湖南，打广西。当1949年10月1日中华人民共和国成立的消息传到行军中的部队时，整个部队欢腾了，部队在休整期间召开了欢庆大会和战役总结会，父亲再次荣获大功一次，并被正式批准为中共党员，他在当时的日记中写道："生存者的荣誉是用无数烈士的鲜血换来的。"从那时起，父亲再也没有离开这支人民的军队。

新中国成立初期，党中央为了加强国防建设，提出在建设强大陆军的基础上，建立人民空军和海军部队，并从陆军中挑选政治好、身体好、素质好、有文化的年轻干部作为空军飞行员培养对象。经过严格审查，父亲和四野的50名干部被选中，并于1950年1

1953年，父亲在空军第三航空学校政治部

月到长春空军第一航空预备学校报到，正式加入空军队伍。在长春，父亲经过思想教育和知识培训后，被分配到锦州第三航校学习飞行，后来由于身体原因停飞，从飞行队伍转入地勤队伍学习，后来又被分配到第三航空学校政治部工作。1955年全军授军衔时被授予中尉军衔，1964年被授予少校军衔。

1961年，父亲被调入空军工程部政治部工作。当时，工程部下属的工厂存在问题较多，各企业政治工作薄弱，空军党委批准组建政治工作机关的主要任务就是对下属的十几个飞机修理厂、两个技术学校及部分军代表实施政治工作统一领导。为了尽早熟悉工作，掌握工厂的实际情况，根据上级部门的安排，父亲先后到所属企业了解情况，建立政治思想部门和机构。20世纪60年代初，正是全军掀起学习毛主席著作的时期，空军各修理厂等企业思想政治工作已全面开展起来，全心全意为人

1965年与劳动模范王进喜（前排左四）在空军工程部大楼前合影（父亲左二）

民服务的理念已经在企业中树立，党组织的建设基本完成，空军各修理厂也培养出多个典型，带动了企业之间的相互交流，有力地推动了空军航空修理事业的发展。

此后的很长一段时间，由于"文化大革命"，加上工作繁忙，直到1970年空军工程部解散，父亲很少能和我们孩子在一起。

1976年，空军党委酝酿恢复工程部编制，父亲在上级领导的安排下，参加组建工程部的筹备工作，同年军委批准了恢复工程部的报告，成立了8人临时党委，父亲是临时常委之一，分管部办公室的筹备工作。在组建期间，经过多方协调，首先在南苑办起了副食基地，解决了机关人员的生活问题，随后创建了东北农场，缓解了部分修理企业粮食和副食短缺的困难，稳定了修理企业生产职工队伍。1982年又解决了工程部人员住房问题，短短的几年时间，新组建的工程部已全面开展工作。

1985年，父亲退休了，搬进空军西郊干休所，他又被指定参加了总后勤部企业财务监察小组工作。父亲在总后勤部财务监察小组工作了六年，起早贪黑，不知疲劳，用他自己的话说："这六年来，是我感觉最愉快的六年，看到许多企业摆脱了干扰，得到快速发展从心里高兴。"

1992年，已过65岁的父亲，按规定从总后勤部财务监察小组退了下来。闲下来的时间里，我们和父亲在一起的时间多了起来，他非常关心我们的工作和生活情况，当时社会正处在变革时期，各种思潮都有，他经常嘱咐我们，要安心工作，加强学习，要通过自己的努力争取进步。父亲喜欢在家看书看报，关心国家的发展和部队的发展。经常参加老同事的聚会，共同回忆往事。记得有一年，去锦州旅游，当到辽沈

1960年，父亲留影

1965年父亲留影

战役纪念馆参观，看到逼真反映当年锦州战役的实景时，父亲触景生情，作为战役的幸存者，他想起了当年解放锦州时惨烈的战斗情景，想起了无数战友牺牲在这里，久久不肯离开……

在我印象中，父亲是一个身体非常健康的人，很少听他说哪里不舒服，每年体检的指标都在规定范围之内，然而这样的一位老人却突然病倒了。2005年，一向健康的父亲在医院进行手术治疗后，确诊为胃癌晚期。当时，家里人都很崩溃，可他却非常坦然，积极配合医院的治疗，不让家里人陪伴，多次跟我们讲："这里有专业的医生，你们不要惦记，去上班，不要影响工作。"

孙子和孙女看到爷爷日渐消瘦的身体，伤心大哭，可父亲用关爱的语气对他们说："爷爷不会死的，也不怕死，当年攻打锦州时，我担任突击营抢救队的队长参加进攻，战争相当残酷，战役结束后，突击营大部分战友牺牲，我却活了下来。"

"过江战役中，由于连续行军，加上水土不服拉肚子，我昏死在南下的路上，幸亏当地老乡用草药把我救活，后来在湖南追上部队，见到大家时，他们都还以为我死了呐。"

"抗美援朝前期，部队调我去学飞行，后来听说原部队在抗美援朝作战中，英勇奋战，大部分人留在朝鲜战场上。想一想，有多少战友牺牲在为祖国解放事业的道路上。"

"'文化大革命'期间，我由于错误地被打成了反革命分子，受到了不公正的对待，在关押期间，始终相信党中央的领导，忠于毛主席的革命路线，正确对待组织调查，乐观对待人生，直到平反。"

2000年2月，父亲和家里第三代合影

　　"这么多坎坷爷爷都闯过来了，面对疾病和死亡我还怕什么呢？"这些话我也是第一次听到。

　　在生命最后的日子里，父亲回忆最多的就是解放战争中的战友和新中国成立后一起工作的同事。

　　父亲这一辈子，对待家人，尊老爱幼，关心孩子们的成长；对待工作，鞠躬尽瘁，不计较个人得失；对待同事，满腔热忱，从不隐瞒自己的观点，勇于开展批评和自我批评。父亲去世后，根据他生前的遗愿，我们将他的骨灰安放在八宝山革命公墓，他去找部队去了……

　　父亲离开我们20年了，我们永远怀念他。

简　历

高存信（1915—1996）

　　辽宁开原市人，1936年毕业于黄埔军校炮科，1938年参加八路军，同年加入中国共产党。曾参加抗日战争、解放战争。新中国成立后，任华北军区炮兵司令员，中国人民解放军炮兵副参谋长兼华北军区炮兵司令员，中国人民志愿军炮兵司令员，解放军军事学院炮兵系主任，炮兵学院副院长、院长，中国人民解放军炮兵副司令员。1955年被授予少将军衔。第六届全国政协委员，第五届全国人民代表大会代表，中国共产党第十二次全国代表大会代表。

白竟凡（1918—2008）

　　黑龙江省安达站人。1936年7月参加革命，1940年6月加入中国共产党，9月随抗大东干队和高存信挺进冀中抗战前线。参加了抗日战争、解放战争和抗美援朝战争。1955年转业，历任南京市建设银行副行长、宣化市文教局局长、全国供销总社教育局处长等职，1982年离休。2000年成为北京市作家协会会员。

父亲高存信和我

◎高劲松

从抗日青年到炮兵建设的先驱

　　我的父亲高存信一生中上了两个著名的大学，一个是高中毕业后考取了孙中山创办的黄埔军校十期炮科。第二个是1938年，投奔延安，进入了中国共产党创办的抗日军政大学（以下简称"抗大"），既为军事教员，又是抗大学员，加入了中国共产党，走上革命道路。

　　2017年10月18日，习近平总书记在十九大报告中提出了"不忘初心，牢记使命"的重大命题，"中国共产党人的初心和使命，就是为人民谋幸福，为中华民族谋

1947年6月晋察冀军区炮兵旅成立，父亲任旅长

复兴"。回顾父辈的一生，他的初心是什么？是如何把自己的追求与党的理想和信念结合在一起，并成为终生的奋斗目标的！这一切与两所学校对他的影响和教育是分不开的。黄埔教授了他军

事、炮兵的专业基础理论知识，使他掌握了驾驭先进兵器的本领，并逐渐成为一名炮兵高级指挥员。而抗大则教育他树立革命信念，把抗日救国的民族主义思想提高到为共产主义奋斗，推翻旧世界，建立新中国，为劳苦大众谋幸福，为国家民族谋复兴的更高奋斗目标。

从抗日救亡到创建我军炮兵

1940年，父亲在西安八路军办事处门口

我的父亲1914年出生在东北辽宁开原，1931年九一八事变之前他一直生活安定，正常读书。但是九一八事变后，枪炮声打乱了所有东北人的安宁生活。日军的残暴罪行，使他饱尝失去亲人的痛苦，饱尝流离之苦，在他幼小的心灵中种下了民族仇、家国恨。父亲最初志愿就是抗日救亡，收复家乡，这也是当时的社会现实造就的。

他随父亲逃亡北平后，在爷爷高崇民抗日救亡思想与行动的影响下，高中毕业后投笔从戎，到黄埔军校学军事；为抗战参加了东北军，但却难圆救国梦；后来参加了八路军，才走上了革命的道路。他的几次抉择都是为了实现抗日救国、收复东北的愿望，但在当时要实现这个愿望并不容易。在延安抗大的革命熔炉中，父亲参加了中国共产党，确立了革命人生观，才由一个纯朴的爱国青年成为一名有阶级觉悟的革命战士。这是他一生中最具关键性的转变。从此，他用毕生的经历在工作岗位上全力拼搏，成为党和人民的忠诚战士。

1944年底，晋察冀军区决定组建炮兵干部训练队，调父亲任队长，负责培养炮兵干部。炮兵属于技术兵种，需要文化知识和训练器材。训练之初，炮无一门，教材器材奇缺。父亲发动教职员一起自编教材，鼓励大家动脑筋想办法，以厚纸壳仿制成弧形标尺，用炮膛觇视法，进行瞄准射击训练。经过半年多的训练，学员们学到了炮兵知识，为华北军区组建炮兵部队创造了条件。1945年9月，军区决定以炮训队为基础组建炮兵团，他动员240余青年和70多名教师参军，边建设，边培训。同年10月萧克代表聂荣臻司令员宣布炮团成立命令，任命父亲为炮兵团团长，并授予了军旗。这时的炮兵团已经是山炮、野炮巍然耸立，很是可观。

　　1945年10月，蒋介石假谈真打，发动内战，向我军发起了绥远战役。炮兵团成立没有半个月，就拉出来参加打绥远的战斗。刚刚组建的

晋察冀炮兵团领导合影（前排左三为母亲白竞凡，左四为父亲高存信）

1948年，新组建的华北军区炮兵旅

两个山炮连只经过5天训练就集结在集宁城南虎头山，战士们扛着山炮进入阵地，战斗打响后，山炮连对1500米距离目标进行直接瞄准射击，皆中敌堡。炮兵团首战告捷，受到了军区领导的表扬和聂荣臻司令员的接见。大家纷纷赞扬炮兵创建时"群奋精神"（群众奋斗精神），说父亲是"炮兵种子"，难得的炮兵专家指挥员。

1946年6月，炮兵团扩建为炮兵旅，父亲任旅长，并立即投入了青沧、保北、大清河北、清风店、石家庄、新保安、平津等战役，打了很多场硬仗。其中，清风店之战围攻保定，是围点打援战术的代表作，炮兵打的是运动战。经两昼夜激战，全歼被围之敌1.7万，活捉敌军长罗历戎，击落击伤飞机各一架。石家庄战役是我军第一次攻打大城市的攻坚战，战役中炮兵作战勇敢，射击技术精湛，圆满地完成了任务，步兵部队纷纷向总部为炮兵部队请功。

1948年10月，毛泽东主席亲切接见了父亲和战友，并嘱咐他们一定要建设一支强大的人民炮兵。

人民炮兵 忠于祖国

新中国刚刚成立，百废待兴，朝鲜战争爆发，英勇的志愿军在党的领导下，坚定保家卫国的信念，靠着不怕流血牺牲的钢铁意志，打败了以美国为首的联合国军，打出了中国军人的威风，打出了中华民族不屈不挠不可战胜的名气，也打出了几十年和平年代。

初心如磐

朝鲜战场的英雄故事很多，著名作家魏巍写有《谁是最可爱的人》，流传全国至今不衰。我的父亲是炮兵，没有与美军短兵相接的英勇故事，也没有坑道坚守的战斗经历。但炮兵在现代化的战争中是不可或缺的力量，它强大的威力是步兵前进的坚强后盾。他在这场战争中充分发挥他智慧和才能，创新发展炮兵作战技术，指挥和发挥炮兵的强大威力，给予联合国军狠狠地教训。

打仗也要用智慧与科学

这张照片父亲的眼睛直视前方。我曾经问他："你在盯着看什么？"他笑着对我说："你没有发现吧，这是一张我学习照相机自拍功能的照片。"那是1953年的春天，那个时代，照相机是稀罕之物。我们自己造不出来，全是在战场上缴获敌军高级将领的战利品，而这种战利品很少见，更是很少有人会使用。父亲在艰苦紧张的朝鲜战场上摆弄照相机又是为什么？

1953年4月，父亲在志愿军炮兵司令部办公室

父亲告诉我，为了打好金城战役，他下了功夫，动了脑子，不仅自己琢磨照相机的使用性能与技巧，还最大限度地把相机的成像性能，用于对敌人阵地的侦察摄影之中。他命令侦察处的参谋们要学会使用照相机，一般镜头和广角镜头的都要学会使用，而后就命令他们在限定的时间里，用那种广角镜头的相机，把整个三八线敌人的阵地由东到西全部拍摄下来，然后一张一张地拼接起来，制作完成后拿来一看，整个三八线敌人阵地的部署就看得非常清楚，哪里有战壕、碉堡，哪里有帐篷指挥所，后边还有美国大兵在抽烟……全部一清二楚。用照相机进行敌人阵地的拍摄侦察，这是父亲在战争中的首创也是独创，大大改善与提高

1953年，执行机动防空任务的高射炮兵部队

了朝鲜战场上我军炮兵的侦察效果和火炮射击精确度，取得了出人意料的良好效果。

战前侦察完成了，战斗打响后又如何让我们的炮弹"长眼睛"、打得准？看看科技发达的今天，天上有卫星，地面有雷达，地面上有什么武器一清二楚的，再也不是秘密。而那时可是什么都没有的，当时有的步兵就说："炮兵在后边也见不到敌人，打不准怎么办？"要战胜敌人必须依靠智慧与才能。金城战役准备阶段，父亲开动脑筋，把步兵的敌后侦察移用到炮兵中来，创新地使用了到敌后纵深侦察的方法。他派炮兵观察员，带上侦察仪器与通信设备，深入到敌人的后方十几公里甚至几十公里的山上进行隐蔽侦察。他对二十四军负责炮兵的副军长说："我派炮兵技术人员到敌后侦察，领路的找一个朝鲜的老百姓，你们负责保护，一个侦察小组派两个技术人员，你们必须保证他们的安全。"所以我们的炮兵侦察员都跑到敌后纵深之处，把敌人的排兵布阵情况通过无线电报告给炮兵指挥员，哪里是敌人的指挥所，哪里是部队集结地，炮兵阵地在哪儿，坦克装甲部队在哪儿……都侦察得一清二楚。战役一开打，炮兵首先发力，根据侦察员的报告，我们的炮弹指哪打哪，炮兵一下就把美军和李承晚部队的指挥所、部队、炮兵阵地、坦克、装甲车全部给打掉了，志愿军的炮火就像长了眼睛，敌人全被打蒙了，一下子就全乱套了。炮兵纵深抵近侦察是父亲的又一创新。

现代化的战争，除武器先进之外，就看指挥员的责任心与创造力。指挥炮兵作战的关键就是侦察与通信。目标要侦察得准，炮才能打得准。通信要跟得上，侦察到的目标才能告知后方的炮兵指挥员，指挥员才能下达出正确的炮击命令，大炮才能击中目标消灭敌人。侦察与通信是炮兵的命脉，父亲就是抓住了这些关键命脉问题，并一一解决这些问题，以前从来没有人这样想过和做过。

当时指挥志愿军的司令是杨得志，父亲是志愿军炮兵司令，要指挥那么多的炮兵部队，这是技术兵种，有地面炮兵又有高射炮兵，排兵布

1953年6月，父亲在志愿军炮兵司令部召开作战会议并讲话

阵要指挥好，也是很难的，要有专业知识作为基础的。

父亲除了在黄埔学习到的基本炮兵知识外，更多的是他善于在战争中学习战争，在实践中不断总结。家里有不少他的笔记本，对每一次战役炮兵作战他都认真总结，他还认真收集能找到的外国炮兵作战的战例进行研究。日积月累，早已超出原来所学，成了公认的炮兵实战的专家指挥员。

在朝鲜战场上，高炮部队任务很重，要保障我军整个入朝的运输线，保障指挥机关的安全，志愿军司令部和各总部安全，尤其是主要进攻方向上的各集团军、师级指挥所的安全，还有重要军事部门的安全，等等。为此，他就把高炮布置在关键的重要的位置上。高炮部队主要是打美军的飞机，不分白天和晚上，敌人飞机来了就打。主要训练高炮打敌机的提前量时机的掌握。使我军高炮部队逐渐掌握制空权。那时我们的空军还很弱，防空主要还是依靠高炮部队。最多时一天就能打下几十架美军飞机，最后把美军空军都打怕了。我们志愿军的运输线物资供应一直没有断，那是不容易的。还有反坦克炮兵，他们是配合步兵作战，步兵的第一线在哪里，反坦克炮兵师就布置在哪里。打李承晚军和美军的坦克就靠我们的反坦克炮兵，他们在战斗的第一线，打得非常惨烈，我们的战防炮也损失得很厉害。再有就是对战役中榴弹炮、加农炮、火箭炮的整体布局和火力发挥，父亲都非常用心。

金城战役　威震敌胆

　　1953年3月，志愿军司令部将原炮兵指挥所扩建为炮兵司令部，父亲任志愿军炮兵司令员，命令他3天到任。当时的志愿军炮兵兵力共有8个预备炮兵师（以榴弹炮和加农炮为主），2个火箭炮兵师，4个反坦克炮兵师，4个高炮师，共计有18个炮兵师，几乎是我军炮兵的全部兵力。

　　6月中旬，李承晚企图全面破坏停战。毛泽东同志指出："我们必须在行动上猛击敌人，给敌方以充分压力，便于我方掌握主动"。彭德怀司令员于20日建议:（为了）有力地配合谈判和改善阵地，拉直金城以南战线，举行金城战役。当时划定的"三八线"是由东至西的直线。但实际上中间是向北边弯进来一片，形成一个圆弧形的大弯，被美军占领着，所以美

1953年，父亲在朝鲜驻地

军和李承晚倚仗军事优势和占地优势而不在停战协议上签字。我们发动金城战役，就是把美国人赶出去，把三八线真正拉直了。用战争的手段来争取和平。

金城战役从7月13日打到27日，是敌我对峙实施防御作战以来，我方投入兵力最多，战役规模最大，使用炮兵最多的进攻战役。7月27日签署了停战协定。至此，抗美援朝战争胜利结束。金日成授予父亲朝鲜一级国旗勋章。战斗结束后，9月3日父亲曾让母亲给在北京的爷爷带去一封信，信中写道："我在前方工作情况，竟凡可能已和您谈过了，总之虽然仗是停了，但工作仍极紧张，加之我们这里军事领导干部较少，更显得累些。但我的身体确很好。工作虽多也完全可以应付过去。我到前方已半年多了，这半年多对自己之锻炼和提高是很大的。因战斗环境对人的锻炼比平时不一样。因其所经所遇的事情是复杂的，所以我有时想，来的时间晚了一些，真能再早半年到朝鲜，那就更好了，不过现在我也很高兴。"

志愿军火箭炮兵部队

信中写的是停战协议签订之后的情况，而为了打好金城战役，父亲3月到的朝鲜，离金城战役的发动只有短短4个月时间。他要在全面了解我志愿军炮兵当时的装备、火力布属等情况的基础上，提出新的作战方案并部属实施。他马不停蹄，几乎天天冒着美军的炮火，深入作战第一线，组织炮兵部队调整计划，部署火力，指导阵地构筑和伪装，进行了全面的战斗布置与准备。包括打击目标的侦察，射击诸元的标定，对敌炮兵阵地、指挥所、通信枢纽进行压制射击的部署，发起进攻之前炮火准备的火力组成，以及突破敌前沿防线后，步兵向纵深发展时的炮火保障计划等。

每一位优秀的指挥员都有他作战的特点。在采访他的作战参谋赵保俊叔叔时，他告诉大家：高司令员打仗的最大特点是什么呢？就是在战前准备阶段，他就要把对方是谁，指挥员叫什么？指挥员都打过什么仗？打仗的长项是什么，短项是什么都搞清楚，做到知己知彼。在他排兵布阵时，最大程度地避开对方的长处，打击他的短处，从而达到预期

朝鲜一级国旗勋章

的打击效果。在朝鲜战场上，他阅读了大量的美军作战通报、战例，成天都在琢磨、思考，设法把美军作战的特点，炮兵作战的特点，强项、弱项搞得一清二楚，他对我军炮兵的整体布局、炮种的使用、火力的配备都是他针对美军的特点而指挥、布置的。他充分发挥了他的智慧与才能，在战争中创造新的战术、新的手段、新的方法，以战胜敌人。

从赵叔叔那里我了解到，志愿军各军首长最欢迎父亲到他们那里来，每到一处总是受到部队首长的热情接待，又是茶水，又是糖果的，这待遇可是不一般的，为什么呢？原来他们都是想让父亲多给他们军队配给一些炮火力量，有了炮兵的支援，不仅可以大大减少步兵的伤亡，

1957年9月，父亲宣读国防部命令

而且是取得战斗胜利的必要条件。由此可见当时在志愿军各部队中对炮兵的重视程度已非同一般。

1954年父亲回国之后，投入炮兵的教育培训工作上，在南京高等军事学院炮兵系任系主任。1955年，父亲被授予少将军衔。之后在塞北宣化城建设了华北炮兵城——宣化炮兵学院（后简称"宣化炮院"），为我军培育了成百上千的高、中级军事指挥员与技术骨干，后任中国人民解放军炮兵副司令员等职。1996年，父亲去世时被誉为"我军炮兵建设的先驱"。

习近平总书记指出："中国梦的本质是国家富强，民族振兴，人民幸福。"老一代的革命战士们，为新中国的成立，无限忠于党、忠于祖国、忠于人民，不惜流血牺牲，他们用自己的聪明才智、科学技术，无私地奉献着、战斗着，这是他们留给我们的中国精神，是宝贵的精神财富。

父亲在我心中

父亲是我人生道路上的好老师，他教会了我要听党的话，做革命的接班人，对待同志要平易近人，谦和礼让，生活上要艰苦朴素低标准，学习、工作上要勤奋努力高标准，这两个标准成为我一生的准则。他离开我们已有多年了，但他那和蔼可亲的音容笑貌仍时常浮现在我的眼前。

1957年，我随父亲来到宣化炮兵学院，在宣化炮院的解放路小学读完六年小学。

那时学院刚刚建立，父亲为了保证学院干部、职工家属的工作安排和子女上学问题，在学院内建了这所子弟小学，我也进入这所学校读书。父亲经常教育我们要听党的话，好好学习，将来好为祖国、为人民服务。记得二年级"六一"儿童节我代表学校到县里参加运动会，没能参加学校的入队仪式，事后父亲语重心长地对我说："红领巾是红旗的一角，你入队了，就是把自己交给革命了，要听党的话，做革命的接班人。"父亲的一席话我一直牢牢记在心里。

1958年3月1日，第一期学员开学典礼

父亲当时工作很忙，没有多少时间来管我和哥哥高长平，但在一些看似小事的原则问题上却从不放松要求。当时从家到学校每天要走20多分钟的路，途中路过一个葡萄园。父亲早早就告诉我们，葡萄是学院的，是公家的，决不能随便去摘。你们冬天可以从葡萄园中穿过，但夏天宁可绕远道多走点路上学，也要遵守规定，绝不能从葡萄园中穿过。我们始终认真按照父亲的要求去做。

1957年，父母在宣化炮院的林荫小路上散

我们家前面有一片杏树林，记得有一年夏天杏刚刚成熟，就下了一场大冰雹，杏被砸了一地，有不少人去捡，我们也捡了一大盆。杏放

在家里谁也没吃，因为我们知道这是公家的财产，直到通知说不用上交了，我们才留了一点，其他的都分给小朋友们了。

父亲对我们从不娇生惯养，经常教育我们姐妹之间要互爱互让，要互相团结帮助，要互相尊敬，以诚相待。父亲那时是副院长，但他没有一点架子，无论是对干部、教员，还是公务员、司机、炊事员都是一视同仁，他坚持与家人及服务人员同桌吃饭，平易近人。中小学时哥哥经常有一大帮小同学来家玩。有时把家里弄得乱七八糟的，可父亲从不对小朋友们发火或表现出一点厌烦，而是要求我们欢迎小朋友们来玩，但最后自己一定要把房间收拾干净，因为要尊重公务员的劳动，不要给别人增加负担，使我们从小就学会了如何尊敬、团结、帮助他人。

三年困难时期，父亲一方面积极想办法在全院开展生产自救，组织干部、学员利用学院的土地种植了大片的庄稼，还开发了一个大养鱼池。另一方面又组织人员到坝上草原打黄羊，不仅解决了学院干部、职工的生活困难问题，还给北京上级机关提供了很多帮助。他带头在房前

1958年，全家福（北京）

屋后种庄稼、养鸡。那时他只
要有时间，就下地劳动，除草施
肥。我们也学着他的样，经常
下地干活，在父亲的指点下，我
们挖野菜，像什么小根蒜、马
齿苋、婆婆丁等都是我们的桌上
菜，用榆树钱儿、槐树花和面烙
成大饼改善伙食，吃得特别香。
放假时我们成群结队地去后山捉
蚂蚱喂鸡，到西门外采桑叶喂
蚕，在小河沟捉鱼改善生活。

当时的生活比起现在艰苦
多了，我经常穿的是姐姐们穿剩

1960年，父亲在菜田劳动

1965年，全家福（北京）

下的衣服，到我这就已是补丁摞补丁了。父亲经常教育我在生活上要艰苦朴素低标准，学习上要勤奋努力高标准，不要比吃比穿，要比学习、比做人。他是这样说的，也是这样做的。那时姥姥、姥爷都在宣化和我们住在一起，父亲对老人很尊敬，吃饭时总是叮嘱我们让姥姥、姥爷先上桌吃饭，有什么好吃的他也先夹给老人吃，给我们吃。其实那时他的工作特别繁忙，每天早出晚归，有时工作到很晚很晚。他的口粮定量也不高，也是很缺乏营养的，但他坚持这样做，无形中是对我们的一种影响，为我们做出了榜样，也成为我一生坚守的基本准则。

在我的记忆中儿童时代是艰苦的，更是充满幸福与欢乐的，因为我始终与父亲生活在一起。父亲是我人生道路上的第一位好老师，从小教育我们树立热爱祖国，热爱党，为革命献身的思想，培养我们艰苦朴素、谦虚谨慎、团结互助的品格。

马棚夜话

"文化大革命"中，父亲一夜之间被打成了"走资派"，这无论如何是让我无法接受的。但父亲始终是坚持党性，认真检查自己工作中的不足。受到父亲"问题"的牵连，一家六口分了五个地方工作。虽然不能与父亲在一起，但从他对我们的一贯教育，从我们的亲眼所见，我们始终坚信不渝，父亲是党的好干部。1971年"九一三"事件后，我们当时很多想不通的问题有了初步的答案，打击迫害老干部就是林彪、"四人帮"的罪行之一。同年的11月，我到河北蔚县去看望三年未见面的父亲。汽车在那蜿蜒不平的山路上行驶。我的思绪就像身边闪过的山林一样，绵延起伏……有一件事想起来就让我痛心，我亲爱的爷爷被林彪反党集团迫害致死。父亲因隔离审查，还一直不知道这件事。经过了数个小时的颠簸终于到达了在蔚县山沟里的炮兵干校，当我在马圈见到父亲时，已经是晚上了。父亲见到我，拉着我的手，仔仔细细的从上到下地端详着。看到我下乡锻炼得更加结实，更加成熟，父亲特别高兴，接着就开始询问我和家里所有人的情况，看得出来父亲在这山沟里久别亲人，对亲人充满了深深的想念。

为了不影响这久别重逢的气氛，我先汇报了我和哥哥下乡插队所受到的锻炼以及为农村所做的贡献。当讲到我们建立了广播站，开办了机械化碾米、磨面，办起了农村合作医疗时；我们知青点被评为延安地区知青先进单位，并奖励了我们一辆手扶拖拉机时，父亲听得是那么认真，那么开心，不时地表扬我们做得好，做得对。接着我又向父亲汇报了母亲、姐姐、哥哥的近况。

当夜深人静时，我才切入正题，向父亲汇报关于"九一三"事件的经过及中央的一些决定，由于我是第一次和父亲谈这样重大的问题，心

1971年冬，摄于蔚县

里不免有点紧张，说话声音都开始颤抖了，父亲给我倒了一杯水，让我喝了几口再慢慢地讲。我喝了几口，稳了稳神，才开始细细地讲起来。父亲一次也没有打断我的谈话，直到我讲完，才紧紧地握着拳头说道："这是林彪反党反革命自取灭亡的下场，原来有些想不通搞不明的事，现在就好解释了，哪有那么多的'走资派'？都是'走资派''特务'，革命怎么能成功？是他们想抢班夺权，在干扰和破坏'文化大革命'，以至造成全国目前这个烂摊子。像这样只空喊革命口号，不抓生产，不抓经济建设，几亿人的吃饭穿衣都困难，这怎么能行？不抓军队建设，国富民强又从何谈起？"停了一停，他又心情沉重地说："要整顿和恢复将是一件非常困难和复杂的工作，周总理的担子就更重了，需要有一大批好干部来辅助总理进行工作才行。"

我当时真没有想到，父亲被隔离审查这么长时间，想的不是自己的委屈与冤枉，而是在忧国忧民，想着尽快地整顿和恢复经济建设，尽快地能为人民工作。他坚信自己所走的路是正确的，所做的工作是为人民利益服务的，他无愧于党和人民，不怕被好人误解，更不怕恶人的中伤与迫害，他充分地相信党会正确解决他的问题，终有一天他会获得解放，还他一个清白。

爷爷高崇民

我怎么对父亲讲爷爷的事呢？我知道他与爷爷的感情最深。是爷爷指引他投笔从军考上黄埔军校。是爷爷亲自找到周恩来副主席，由周副主席亲笔写信介绍父亲到延安参加了革命。现在爷爷故去了。

当时，我怎么也找不出一句合适的话语来先给父亲打打预防针，只好讲道：还有一件最不好的事情，要告诉您。当时他就愣了一下，问我什么事？我话没出口，就先流下了眼泪，说话的音调也变了，脱口而出"爷爷病故了！"我看到父亲全身抖了一下，半天没有讲话，接着是一阵难挨的寂静，最后还是父亲先开口，询问是怎么回事？什么病？病故在何处？当时身边有谁？我稳定了一下情绪，向父亲慢慢地讲述了爷爷的情况。我第一次看见父亲眼睛里充满了泪水，强忍着不让它掉下来，双拳紧握，一言不发。这泪水中充满了对爷爷深深的爱，那拳头中充满了对林彪反党集团深深的恨。这突来的消息，使父亲悲痛不已。一喜一悲的两件事，让父亲陷入了无限的沉思之中。又是一阵沉默之后，父亲语气沉重而坚定地说："你爷爷决不是反党的，他一生为党的事业、为祖国的命运，出生入死奋斗几十年，对党忠贞不渝，我是最了解他的。对你爷爷的死及所谓的问题，今后一定要搞它个水落石出。"

事实就像父亲坚信的那样，由于林彪反党集团的败露，许多错打错判的干部获得了解放，父亲也于1971年底宣布解放回到了北京。1975年重新任命为军委炮兵副司令员。"四人帮"彻底垮台之后，1979年4月20日，党中央决定由全国政协为爷爷召开了平反昭雪大会。爷爷的骨灰被隆重地安放在八宝山革命公墓。

学科学报效祖国

1972年初全国高校开始恢复招生，身处延安地区插队的我有幸被推荐到华东石油学院（山东）学习。4月回到北京，准备去上学。我当时非常想当兵，就向父亲谈了自己的想法，父亲听后对我讲：当兵是光荣，但要报效祖国，必须要有真本领。祖国将来的发展需要大批的科学技术人才。你21岁了，已经耽误了不少学习的大好时光，你的当务之急是学习科学文化知识，要学有所长，不然，以后社会发展了，你会因为没有科学知识而被淘汰。那时再后悔就来不及了。接着，父亲又讲了科学

1980年，父亲在昆明

兴国的许多道理，对我教育很大。我打消了当兵的念头，高高兴兴地去山东上大学去了。父亲一贯坚持要抓紧抓好学习，要用科学技术建设祖国、振兴中华的思想。这种思想在我的脑海中深深地扎根、开花、结果。

父亲一直非常关心我的学习、工作、身体与生活。我也非常愿意和父亲聊天，他总是那样的平易近人、和蔼可亲，又是那样高大威武、胸富韬略。只要和父亲

1994年深秋，父母在家中

在一起，就能让人感受到一种巨大的力量。特别是当我生活中遇到困难时，他就鼓励我要坚强，要自信。带我到海边散心，让我像浩瀚的大海那样心胸开阔，永远波涛汹涌，不息不止。像海边的岩石那样经得起狂风暴雨，挺拔屹立。在我的心目中父亲就像这大海一样，为党的事业为人民的利益坚韧不拔，奋斗终身。

时光如梭，我已经退休十几年了，这些年里，我接过了父亲生前许多未完成的工作，如历史研究、宣传与传承革命精神，我更加感受到父亲的精神之伟大，人品之高尚，他是我工作、学习、生活的楷模，他将永远活在我的心中。

简 历

郭维城（1912—1995）

辽宁省义县人，满族。1930年考入东北大学，1931年九一八事变后流亡到燕京大学借读。1932年转学到复旦大学，加入中国共产主义青年团，1933年转为中共党员。1934年毕业，获法学学士学位。后进入东北军，任张学良机要秘书，亲历西安事变。1942年8月协同领导东北军一一一师起义参加八路军，任山东军区新一一一师副师长。解放战争时期，任西满护路军司令员，齐齐哈尔铁路局局长，四野后勤铁道运输司令部司令员等职。新中国成立后，任衡阳铁路局局长，参加抗美援朝任志愿军新建铁路指挥局局长、铁道兵指挥所司令员，之后任铁道兵副司令员、铁道部部长等职。中共第六、七届全国政协常委。1955年被授予少将军衔，荣获二级独立自由勋章、一级解放勋章、一级红星功勋荣誉章。1995年1月1日，因病在北京逝世，终年83岁。

初心如磐

怀念慈父郭维城

◎郭　梅

　　我的父亲郭维城1934年毕业于复旦大学，曾任铁道兵副司令员、铁道部部长等职。他浓眉大眼，高大魁梧，为人直爽，作风果断，是个东北汉子；他勇敢坚定，刚直不阿，不惧任何困难，始终勇往直前，是典型的军人；他广读博览，写诗作赋，擅长书法，学养深厚，具有文人的特质；他始终把党的事业放在心头，把祖国和人民的需要放在第一位，是真正的共产党员。当然，他也是一个慈祥的父亲，给了我无限的父爱。他高尚的思想品德和出众的人格魅力深深影响着我，他无怨无悔的革命精神激励了我的一生。

　　1951年8月，母亲在衡阳怀孕9个月，快要生产了。当时身为衡阳铁路局局长兼中南军区铁道运输司令部司令员的父亲在青岛参加铁道部会议，他写信给我母亲，说夜里梦见了一大片盛开的梅花，香气袭人，美丽无比，告诉母亲要是生女孩就起名

1956年，父母合影

叫郭梅。不久我降生了，从此父亲为我起的名字一直伴随着我。

抗美援朝胜利后，中央军委决定组建铁道兵，父亲被任命为铁道兵副司令员，铁路修到哪里，父亲的指挥部就安在哪里，我和母亲就跟到哪里。我人生最初的记忆就是跟着父母或者坐着呼啸的火车奔向远方，或者坐在吉普车里沿着崎岖的山路从早到晚颠簸着前行。由于不断地搬家，在我两岁的时候父母就把我的两个姐姐送到武汉东湖八一学校，先是在幼儿园，后读小学，只有寒暑假才把两个姐姐接回家，仅把最小的我带在身边。

我不到四岁时，铁道兵修建鹰厦线，指挥部设在福建省南平县（今南平市）。办公区设在黄金山山顶上，我们家就安在离山顶不远的一座小楼里。据说这座楼以前是教堂，它依山而建，正面是两层，我们家在一楼，铁道兵政委崔田民伯伯一家住二楼，背面有第三层，住着一个警卫班。父亲工作非常繁忙，就连星期天也要在家里办公，穿着整齐军装

1953年，父母和我们姐妹三个

1957年，我家的四朵金花

的解放军军官们进门时总是高声喊着"报告"，先立正敬礼，然后给父亲递送文件、汇报工作，而我这时往往独自坐在角落里，一边安静地看着小人书，一边感受着部队紧张严肃的工作气氛。

　　那里是福建前线，时而有敌机骚扰，白天会看到对面山上有从天上掉下来的金属桶，听说是战机扔下来的副油箱。尽管刺耳的警报声有时响个不停，父亲和他的战友们却照样工作、开会，战士们照常站岗、放哨，当然我也同样"闲庭信步"，和家里散养的白鹅、鸭子嬉戏，与关在笼子里的白兔、鹦鹉玩耍。要是夜里警报响了，立刻就会停电，整个山顶一片漆黑，我就坐在父亲温暖的怀抱里听父母聊天。有时候父亲还在桌子底下点亮一根蜡烛，为我设立一个临时厕所。

　　那时铁道兵文工团也驻南平，他们除了下部队慰问，也常在机关演出。漂亮的阿姨和英俊的叔叔在舞台上唱歌跳舞、表演杂技，当警报声响起，灯光霎时熄灭，演员们立刻停止表演，像雕塑一样停留在原先的位置上，铁道兵的首长们王震伯伯、崔田民伯伯等和所有干部战士都镇静自若地坐在礼堂里的座位上，静静地等待着警报过去。这时候，父亲常给我剥一颗水果糖放在嘴里，或在一个橙子上咬出一个小口，让我吸吮甜甜的果汁。警报撤销了，演出继续，我一边看着舞台上的精彩表演，一边高兴地坐在父亲的怀抱里，品尝着嘴里的香甜。

黎湛、鹰厦铁路完工后，我们家随着铁道兵兵部搬到了北京。为了培养我们的集体主义精神，也为了避免我们养成"骄、娇"二气，父母把我们姐妹三人先后都送到和铁道兵大院仅一条马路之隔的新北京十一学校，过着住校的集体生活，每个周六下午才能回家，周日下午必须返校。

那时父亲仍然在全国各地的铁路建筑工地奔波，在家的时候不多。我至今记忆犹新的就是不断和母亲一起到火车站为他送行，到机场接他回家。

尽管父亲工作十分繁忙，但只要他在家，他总是亲自过目我们姐妹从学校带回家的成绩册，并按照老师的要求，工整地签上他的名字。成绩好，他不夸奖，只是说一句"别骄傲"。成绩不好，他也不批评，只是说一句"要努力"。因为在父亲看来，学习成绩不是主要的，最重要的是要启发孩子内在的学习动力，要让我们快乐生活，快乐学习。

要是父亲有一段时间不出差，那就是我最美好的快乐时光。周末父亲常常在报纸上，特别是在《北京晚报》上，寻找好玩的地方，一旦发现有新开辟的游览景区，星期天一定会挎上那部老式莱卡照相机，带上全家，去尽情游览一番，我们几乎游遍了北京的名胜古迹。要是没有新景区，父亲就带我们重游颐和园、香山、潭柘寺……我们最爱去的地方就是颐和园，或登上佛香阁，或荡桨昆明湖，足迹几乎踏遍了颐和园的每一个角落，笑声洒落在颐和园的前园后山。父亲说："等我退休了，我要申请到颐和园管理处当处长，让这历史古迹更加绚烂多彩，更好地为人民群众服务。"在游玩的同时，我了解到很多古都的文化和历史，也更加理解父亲的爱国之情，为国之志。

父亲通晓历史，精通诗文，记忆力也特别好。到了古庙里，看到石碑上刻的诗词，他常常转过身来就能一字不差的全部背诵下来，让我惊叹不已，同时也激发了我要向父亲学习，做一个真正有文化涵养的人。

放寒暑假了，父亲总是想法带我们观看北京人民艺术剧院演

1990年，父亲给我的题字

出的《茶馆》《蔡文姬》等剧目，也带我们看杜近芳等京剧表演艺术大师的演出，看杂技、歌舞，更多的是带我们去看电影，当时国内外的知名电影看了不少，激发了我的许多思考和联想，极大地开拓了我的视野，拓展了我的情怀。

父亲特别喜欢体育运动，他在学校念书时是足球队的守门员，也非常喜好网球运动。他是铁道兵体协负责人，常带上我一起去看足球比赛。当时我不能理解足球运动的乐趣，倒是父亲或兴奋或沮丧的表情、动作，逗得我开心大笑，父亲一会儿站起来挥舞着双臂大喊大叫，一会儿愁眉苦脸，眉头皱成一个大疙瘩，不停地拍大腿……父亲像当今小青年一样是个狂热的球迷！受父亲热爱体育的影响，我们姐妹三人都参加了学校篮球队，其中一个姐姐初中没毕业就成为专业篮球运动员。

我上中学读的是北京外国语学院附属学校，那天见父亲下班走进家门，于是我用英语向他问候，没想到他不但听得懂，而且用流利的英语和我进行了对话，原来父亲当年读大学时都是英文授课，年轻时打下的好底子，可以终身受用。

那一年，为了让我们姐妹学习一点才艺，家里买了一台钢琴，全家人围着崭新的钢琴，谁也不知道怎样弹奏，没有想到下班回来的父亲放下公文包，坐到钢琴前，两只像老树枝一样的双手在琴键上来回跳动，

1934年，父亲复旦大学毕业照

弹出了一段优美的钢琴曲。父亲说，这是他们中学时的必修课。这件事情让我更加仰视父亲了，一直当铁道兵常年风里雨里跑工地的父亲不但英语好，还会弹钢琴，我暗暗下决心一定要追赶父亲，成为全面发展的人。

我母亲山东老家农村的亲戚不少，但他们到家里走动得不多，他们对父亲有"意见"，因为父亲从来没有为自己家的亲戚走后门安排工作。20世纪80年代初期，铁道兵在山东修铁路，增加了不少就业岗位。老家的亲戚说，你不给我们找工作就算了，哪怕你帮我们说说话，让我们做临时工，当炊事员，也比在农村种地费力少，挣钱多。但母亲非常支持父亲，他们认为共产党的领导干部，就是不应该为自己的亲属谋求任何个人利益。在父亲当铁道部部长时，铁路运输特别紧张，父亲老家专门写来公函，要求为当地运输调拨车皮，但父亲挥笔批了"不准走后门！"五个大字就把来函放置一边去了。父亲这种绝不动用手中权力谋求私利的做法，也成为我一辈子做人做事的原则。

父亲在铁道部工作时，经常率团出国考察，每次外国友人都送礼物。虽然那时改革开放不久，国内物资匮乏，但父亲会把礼品全部上交。给我印象深刻的是父亲到日本考察，日方赠送了父亲一辆十分漂亮的摩托车，还有高档的收录机等，父亲都上交了。我觉得收录机外形时尚，音质也好，不论是学英语还是听音乐都很有用，还有那辆放在铁道部车库里的豪华摩托车，国内绝无仅有。我问父亲，能不能把这两件东西留下，按照上级规定折价付款就是了，但父亲坚定地回答说："不行"。我虽然没有如愿以偿，但事后回想起来，父亲做的是对的，清廉的党风必须从严格要求自己做起。

在父亲无形的巨大影响下，我和两个姐姐长大成人后，都按照他"不准从政、经商，只准学技术、搞专业"的要求，在各自平凡的岗位上认真读书，努力工作，平静生活，直到退休。

父亲把毕生的精力全部投入祖国的解放事业和铁路建设中，生命不息，战斗不止。我崇敬他充满传奇色彩的革命一生，更怀念他给我的无限温暖和难忘的父爱。我的慈爱可亲的父亲，永远活在我心中。

1959年，全家福

20世纪80年代的父亲

简　历

张蕴钰（1917—2008）

河北省赞皇县人。1937年参加八路军，同年加入中国共产党。

曾参加抗日战争、解放战争。新中国成立后，历任中国人民解放军军参谋长，中国人民志愿军军参谋长，旅大防卫区副参谋长，第三兵团参谋长，基地司令员，沈阳军区副参谋长，国防科学技术委员会副主任兼基地司令员和国防科学技术委员会参谋长，国防科学技术工业委员会副主任。

1958年任原子靶场主任，后改为核试验基地司令员，直接参与组织指挥了我国第一颗原子弹、第一次"两弹结合"、第一颗氢弹和多次空爆、地下平洞核试验、洲际导弹、潜地导弹、通信卫星等试验任务。

1955年被授予大校军衔，1961年晋升为少将军衔。

1988年获国家科技进步一等奖。2008年8月29日，在北京逝世，享年91岁。

怀念父亲——第一任核试验基地司令员张蕴钰

◎张旅天

父亲说他这辈子主要做了两件事：打了上甘岭，参加了核试验。

初记事

从我记事起，父亲只是朦胧的一个影子，因为父亲在新疆工作，我们住在北京平日见不到他。1960年我4岁，一个周六的下午，我从万寿寺幼儿园回到家中，母亲告诉我："爸爸回来了。"父亲从里屋走出，一把抱起我说："小胖，让爸爸看看长多高了！"又用他那旺盛的络腮胡子扎我的脸。我当时感觉既陌生又熟悉，既酥麻又舒服，那朦胧的影子一下子清晰了，啊——这是我的父亲！他高大的身材，国字脸，络腮胡，

父亲张蕴钰

慈眉善目，笑眯眯地看着我，顿时让我从心底涌出无边的亲切感。

我问："爸爸你在哪儿上班，很远吗，为什么总不回家？"

父亲伸出手臂遥指着远方，夸张地拉着长声说："新疆……在西边很远很远的地方，要坐火车、飞机才能到。"我当时就想，很远很远有多远？有到10个万寿寺幼儿园那么远吗？

父亲摸着我的头，教我读的第一首唐诗是李白的《静夜思》，"床前明月光，疑是地上霜，举头望明月，低头思故乡。"儿时的我就觉得诗很好听，朗朗上口，大声随声跟诵。其实我当时理解不了，那是父亲对家的思念。

第二天是星期天，父亲带上我们全家和另外一家新疆战友的孩子们去王府井松鹤楼吃饭。那是我第一次去饭馆吃饭，真香啊！我们几个孩子，狼吞虎咽，风卷残云，直打饱嗝，吃得心满意足！

早晨起来，父亲已回新疆了，我感觉家里一下子空了一片，盼望着父亲再次回家。

父亲太忙，每年只有开会才回北京几天，有时开会后立刻返回新疆都不回家。我有两次直接从幼儿园被接到京西宾馆，西直门总政招待所和父亲吃晚饭，因为他要赶晚上飞机回新疆，只能和我一起吃个饭，见个面。

第一次去马兰

1961年夏天，父亲带我去新疆他工作的地方。坐了3天火车，在一个叫大河沿的地方下车，在兵站吃完饭后，坐着嘎斯69吉普车直奔父亲的单位。我们在戈壁滩搓板路上奔波了一天，颠得身架都快散了。戈壁滩干旱、荒凉，长着稀疏的骆驼刺和叫不上名的野草，走到火焰山时，已是寸草不生。途经托克逊、库米什兵站，父亲和兵站的战士们谈笑风生。战士们拿出自己种的葡萄给我吃。哇！仙果呀，此果只应天上有！

傍晚，终于到了爸爸的单位，我总算看到小片的绿洲了。来到招待所，主楼居中，坐北朝南，东西两侧跨楼南北走向。院内路边栽柳，墙边种杨，树下长着片片野草，十几束野草上挂着几朵紫花，远远望去，紫蓝一片，非常好看。我凑近花前闻了闻，一股沁人心脾的幽香，挥之不去。父亲指着野草问我："好看吗？这叫马兰花，是一种野草，在戈壁滩上，它们生长这么好，是因为它们适应这里的环境。我给这个地方取名叫马兰。"

1960年，张蕴钰（右）在工地劳动

在马兰的头几天，我几乎见不到父亲的面，他一直忙个不停，不是开会就是外出，我只好和警卫员李迷栓叔叔以及招待所服务员小兰阿姨玩，把招待所上下里外玩了个遍。一天，我在服务员值班室玩，看见爸爸和十几位将军走进我和父亲住的房间。李叔叔告诉我，他们要开会，叫我别去打扰。当晚我在值班室睡了一夜，天亮时醒来，他们的会居然还没有开完！

吃早饭时，我向父亲抱怨，关在院里没意思。第二天父亲带我出了招待所。院外是一片工地。一条东西向的路面已铺完，数条南北向的路面正在铺，路两边都是地基坑，有部分房屋已盖出地面，工地上人声鼎沸，号子声、机器声此起彼伏。父亲带着柳条帽一处处走访，和施工官兵、工人们说着、聊着、笑着，不时提醒大家注意安全，有时还推起小车送几趟砖头，完全把我忘在一边。我跟着父亲站在一个封了顶的大建筑前，他如数家珍地说，这里是礼堂，前边是广场，东边是服务社，西

水粉画：《行走在戈壁滩上的骆驼》

边是邮局和新华书店，北面是家属区，再北边就是学校和幼儿园了，将来你会在那里上学。这是我们的马兰村。他说这些时，眼睛闪烁着憧憬的光芒，好像有片戈壁新城呈现在他的面前。

不一会，天边一片昏暗，狂风卷着尘土铺天盖地而来。风过后，所有人除眼睛、牙齿还干净外，全身都裹了厚厚的黄土。大家拍打拍打身上的尘土，接着干了起来。几天下来，跟父亲跑了马兰、发电厂、医院、红山、农场等工地，马兰给我留下的印象：荒凉戈壁，狂风肆虐，一群满身尘土的欢乐的人群活跃在工地上。父亲他们马兰人（后来人们都这么称呼他们）就像……就像是一队天边的骆驼，在戈壁滩上耕耘。40年后，著名画家关维兴送父亲一幅水粉画，就是《行走在戈壁滩上的骆驼》。

第二次去马兰

　　1965年，马兰已建设得很美，布局合理，街道整洁，设施配套，树茂花繁，当年被人称为新疆的小北京。随着马兰建设的成型和完善，我们家于8月份迁居马兰。

　　我上二年级了，每天上学放学很有规律，但是仍然很少见到父亲。他每天很晚回家，晚上工作到一两点后，我已睡觉。早晨一睁眼他已上班。若是赶上来任务，一进场区就是两三个月不着家。住在家中也很少有机会一起吃一顿饭。

　　这天星期日，父亲难得休息。可能是工作进展顺利或是又解决了什么难题，早晨父亲笑眯眯地过来问我们，眼神中透着轻松的快意。"中午改善一下伙食，想吃点什么？说吧。"我们几个孩子顿时兴奋起来，争相报着自己中意的菜名，我记得我报的很傻，要吃鸡蛋炒饭。这时警卫员范志亚叔叔来告诉父亲有电话找。父亲接完电话后不久，家里来了十

俯瞰马兰

2008年，马兰礼堂

几位叔叔，在客厅里吞云吐雾开起会来。那时父亲从来都是用自己工资买烟大家一起抽。警卫员每月给母亲报账：烟10条。母亲开始不信，后来才看到，父亲递烟不是一支一支递，而是一盒一盒掰开，每桌都有，开一次会要好几盒。基地老人都知道，"张一号"召集开会，管烟。母亲是个大度的人，也是战争年代走过来的老八路，非常理解父亲的这种豪爽。

　　开饭了，我们兴冲冲地跑到餐厅，发现我们点的饭菜没有一个兑现，姐姐、哥哥没说什么坐下吃饭。我却赌气回房间不吃了。我一上午等待全落空，委屈、失望涌上心头。炊事员柳根叔叔来叫我，不去！母亲来叫我，不去！最后父亲出现了，他笑着对我说："都怨我，上午开会忘了交代了，刚才我给你们每人煎了两个鸡蛋，就算补偿了。"我看着父亲的笑脸，心里琢磨，饭菜是其次，能和父亲一起吃顿饭挺难得的。但脸还放不下，就随口说："那你得背我过去！"父亲很高兴地转过身来，背着我来到餐厅。我在父亲背上感觉飘飘欲仙，饭菜有了，面子也有了，同时也感觉到父亲那宽阔、厚重的脊背是那么有力。我忘形地在

初心如磐

父亲的背上晃悠着两腿，唱着"我骑着马儿上北京"——立刻遭到姐姐、哥哥的怒斥："敢把爸爸当马！"

父亲进场区又有两个多月没回家了，我们也已经习惯了。晚上放学回来，母亲叫我们跟她去546医院，原来父亲因工作劳累腰椎患病住院了。路上我还回想着父亲背我的感觉，你的腰板是那么硬朗，怎么会病得这么重？

父亲躺在床上，白床单、白枕套、白被罩，他还是那样笑眯眯的和母亲、我们说话。他要我把双手放到他腰下，用他的体温和电热毯暖我那黝黑、粗糙、皲裂的小手。因为小时贪玩，什么撒尿和泥，爬树抓鸟，下水摸鱼，一双小手练得皮糙肉厚，一到冬天就满手裂口，不小心撑开了，疼得龇牙咧嘴的，看来父亲都记着。

原子弹爆炸成功，马兰的任务已经公开，核试验的纪录片我们也看了多遍。于是我问了父亲一个问题："原子弹那么厉害，怎么才能只打坏人又不伤及老百姓呢？"父亲说："你这个问题问得好，这是目前我们还没解决的问题。"他沉思了片刻："看来最好的办法就是永远也不要使用它。"父亲后来在他写的《战争与和平的台阶》一文中说"以核武器进行战争，就必然殃及非交战国的和平人民，核战争是大恐怖战争。广岛、长崎的死难者不能复生，人类对自己的未来应做出积极努力，当今比以往更有条件实现和平共处的世界"。

我怕手搁得时间长了父亲不舒服，想把手抽出来，但他不让，一直到我们离开医院。后来听母亲说，两天后，父亲出院回场区了。

离开马兰

"文化大革命"的风暴吹到马兰，父亲受到了冲击。1968年秋天，去北京参加学习班就再没回家。父亲被免职了，基地来了新的领导。于是我们全家与1969年冬离开生活了4年多的马兰，前往河南省遂平县国

1964年，父亲（中）在核试验场区

防科委五七干校与还没安排工作的父亲相聚。

在遂平车站，一下车我就看到父亲来了，他站在寒风中期盼地望着列车。一年多没见了，他脸颊凹陷，络腮胡子和头发有了白霜，明显消瘦的躯干撑着那身黄里透白的旧军装。他老了，但他的笑容还是那么阳光。

第二天，我在父亲的书桌上看到他用铅笔写的一首诗：

爱妻范凯携儿女由新疆来河南遂平县城

老泪流成河，妻儿乘船来。

牛棚教孺子，少言休惹灾。

1971年，父亲重新工作，分配到沈阳军区。1975年重返马兰工作。我1978年参加核试验效应工作再到马兰时，已是一名坦克排长了，我们父子相逢在同一项任务中。在场区父亲的腰病又犯了，前倾达45度左右，但他仍然弯着腰一个工号、一个工号地走，一个大队、一个大队地看。晚上我请假去指挥部看他，他趴在桌上休息，因为腰直不起来。我心疼地给他按摩腰部。想着那宽阔、厚重的脊背……那天夜里我给父亲按摩到很晚很晚……

1978年，父亲调往北京工作，先后参与组织指挥了洲际导弹、潜射导弹、通信卫星等工程的重大试验任务。为了能让年轻同志接班，他曾三次申请离休。1985年，68岁的父亲离休了。1987年，我有了女儿。母亲和我到医院把爱人及女儿接回家后，父亲抱过我女儿亲了又亲，仔细端详。我说："爸爸给你孙女取个名吧。"父亲说："大名你们取吧，我给孙女取个小名叫"皎皎"，月光皎洁的意思。"看得出父亲很兴奋，还连夜写了首诗：

三月三十日举孙女

窗前绣绿吐新芽，金针胜兰实黄花。

垂目见喜春颜泛，晓来天半照明霞。

女儿如今已经长大，但我们仍然习惯叫她的小名皎皎。

心中的马兰

父亲离休后，经常回忆、整理和创作一些文章和诗词，字里行间描述最多的是马兰。如在《初征路》中，以《君自东方来》《中国一日》等文，描述了马兰的初建和第一次原子弹试验时的场景。在《戈壁言情》诗集中，以马兰为题的诗就有许多篇，"马兰村小可牧鸿，天叫风云画成。"抒发了他在马兰创业的豪情。对我来讲，马兰有我幼年的童趣，父辈的自豪。我后来三次回马兰以还眷恋之情。

2008年春天，父亲上呼吸道感染住院。在医院和我说："今年是基地创建50周年，真想再回去看看！"我说："等您病好出院我陪您去。"没想到几天后病情加重转入ICU，他感觉有生之年无法再去马兰，嘱我执笔，给基地党委写了封贺信，并附诗表达他的敬意，其中几句是：

马踏西陲，

兰花问早。

精心梳妆五十载，

神韵世人晓！

基业再兴，

地阔天高。

喜看马兰新一代，

盛世创业豪！

这是一首藏头诗，字头就是"马兰精神，基地喜盛"。

进入7月，父亲病情日渐严重，经常处于昏迷状态。那年北京办奥运会，我在北京赛区奥运安保指挥部经常值班，但每天我都要抽时间去医院陪护父亲。一次陪护中，听到他嘴里在念叨什么，我就凑近去听，"三百万，三百万吨啊"。我国第一颗氢弹试验时的当量是三百三十万吨，我想大概父亲的脑中又浮现了当年的记忆。

8月29日，父亲走了，他不愿给组织和任何人添麻烦。按父亲遗嘱，不设灵堂，不搞遗体告别，骨灰送回老家。很多领导、战友、朋友前来看望、道别。基地的领导来家商量，想请父亲骨灰安葬在基地烈士陵园，那是马兰的爱国主义教育基地。考虑父亲的经历和基地领导真挚的诚意，家庭会议决定将父亲部分骨灰送回马兰。

2008年10月15日，我们陪着父亲回到了他当年创业的地方。50年前是您带队伍在这里勘查选址，定桩马兰，艰苦创业，干得轰轰烈烈。50年后，经过一代又一代人不懈奋斗，当年的荒凉戈壁已是一片绿洲，基地的事业蒸蒸日上，人才辈出，成果累累，形成了独具特色的马兰精神和马兰文化。电影、电视剧、报告文学、诗词、交响乐等文化产品花繁叶茂。马兰曾经有您的精神寄托和您付出的艰辛与心血！

在东门一下车，我不由得震撼了！大门上巨大横幅黑底白字写着"张蕴钰老司令员永垂不朽"。基地领导列队迎接，从东门横穿基地到西门，官兵们肃立两侧，整个基地安静整洁，连鸟都停止了鸣叫在树枝上静静地看着，只能听到灵车轮胎滑过路面的哗哗声。虽然隔了许多代，但看得出官兵们的神情是那样的凝重，千百双深沉的目光，向车队行注

2008年10月15日马兰烈士陵园父亲安葬仪式现场

目礼，他们以最庄重的仪式迎接他们的老司令员回家。

灵车在烈士陵园门前停下，我们捧着父亲的骨灰在礼兵和基地领导的护送下来到纪念碑前。纪念碑前肃立着几百名官兵，基地组织了隆重的悼念和安放骨灰仪式。基地领导在致辞中几度哽咽，令我再次流下热泪。此情此景，我心里呼唤：爸爸，您这辈子，始终令人敬仰，我爱你——爸爸！

当天，干旱的戈壁滩下雨了，马兰下了一夜的大雨！

马兰是一片荒凉之地、神奇之地，也是一片英雄之地、胜利之地、幸福之地。每当我回到马兰，心中就会不断回响着前辈们的心声："为国家做点事，做点有用实际的事，就是幸福！""上几代的爱国者已经捐躯，处于当代的我们，能为祖国的现代化效力该是多么幸福啊！"

父亲回顾自己的经历说："我这辈子主要做了两件事，一是打了上甘岭，二是参加了核试验。"而这两件事都是举世闻名啊！上甘岭战役，15军打出了黄继光、邱少云等全国全军著名的战斗英雄，打得美韩为主体的联合国军再不敢发动进攻。核试验事业，马兰基地涌现出程开甲、林俊德院士为代表的一大批科技精英，为挺直中华民族脊梁做出了重大贡献。

不久前，我再次来到马兰，看到的是一座马兰新城。新办公楼、新宿舍、新超市、新文体场馆、新生态园。整洁的街道挂着建设"红色马兰、光荣马兰、纯洁马兰、幸福马兰"，"艰苦奋斗，干惊天动地事；无私奉献，做隐姓埋名人"的横幅。见到的官兵、职工、家属子女精神面貌都很阳光，一幅欣欣向荣的景象。我来到烈士陵园，站在纪念碑前，向在这里长眠的三百多位烈士三鞠躬，按马兰的习俗敬上三杯酒。心中默默地说：爸爸，马兰人没有忘记您和前辈们的期望和嘱托，他们以你们为榜样，传承着马兰精神，继承了光荣传统，弘扬了马兰文化。基地先后走出10位院士，2位感动中国人物，几十位科技将军，圆满完成了数以百次的试验任务，基地的事业有了新的发展。我想代马兰人向您说一句，请您放心吧。因为在这里马兰精神永恒！

简　历

王宗槐（1915—1998）

　　江西省万载县人。1930年参加中国工农红军。1932年加入中国共产党。参加过土地革命战争、长征、抗日战争、解放战争。曾任晋察冀军区政治部组织部长、三分区政治部主任、四分区副政委、政治部组织部长、华北军区三纵队政委，十九兵团六十三军政委。新中国成立后，任总政治部青年部长、组织部副部长、昆明军区副政委、第二炮兵副政委等职。1955年被授予中将军衔。荣获二级八一勋章、一级独立自由勋章、一级解放勋章、一级红星功勋荣誉章。中共第七次全国代表大会代表，第十二次全国代表大会中央纪律检查委员会委员。

范景明（1922—2016）

　　河北省阜平县人。1937年11月参加革命，1938年5月参加八路军，1939年4月加入中国共产党。经历了抗日战争和解放战争，历任干事、队长、军医、卫生所长。新中国成立后，任部队门诊部主任、卫生处长。1955年被授予少校军衔，1961年晋升中校军衔。1983年离休。1988年获独立功勋荣誉章。

以实为本　光明磊落

◎王亚中　郭之允

革命情侣　战地佳话

1940年5月，爸爸在晋察冀军区所在地河北阜平县

抗战时期，百团大战战役第三阶段时，晋察冀军区三分区王平政委生病，被担架抬着坚持工作。爸爸接聂荣臻司令命令，立即连夜翻山越岭至三分区，接替王平政委工作。待王平病愈后，爸爸又回到政治部。此后，王平只要见到聂司令，就要求爸爸到三分区去工作。正好爸爸也多次向聂司令申请要求下部队，于是，1941年冬爸爸下到三分区任政治部主任。调去不久，早就相熟的王平就关心地对爸爸说："给你介绍个对象吧，我爱人范景新有个妹妹叫范景明，是党员，19岁，人聪明，长得也好，原来是分区冲锋剧社演员，后来调到白求恩卫生学校（以下简称白校）学习。"

当时白校在阜平大台村，离三分区驻地稻园村只有六里路。

一个周末，年轻的妈妈蹦蹦跳跳跑进姐姐家，不想一进门就见一陌生青年军人和姐夫在谈话，赶忙躲进里屋去和姐姐说话。姐姐范景新就向妈妈介绍："这是从军区政治部调到分区来当政治部主任的王宗槐。"这是爸爸妈妈第一次会面。

　　刚开始，上过学又当过剧社演员，生性活泼浪漫的妈妈有些想法，"和王宗槐坐在一起没话说，他像个木头人"。其实爸爸从第一次见到端庄俊俏的妈妈，心里就产生了好感，只是生性少言的爸爸遇到这样场合，想不出如何开头，尴尬得只好不断咳嗽。姐夫王平和姐姐范景新一边分头做两人工作，一边继续安排两人见面。经过几次见面，做青年工作出身的爸爸不再拘束，和爱唱爱跳的妈妈，越聊越近，情投意合，很快确定了恋爱关系。后来，爸爸调到四分区任副政委，有情人分隔两地，于是鸿雁传书，信来信往。恋爱一年多，准备结婚，但妈妈正在白校学习，学校有规定：如果结婚就要退学。两人一商量，爸爸还是支持妈妈完成学业，于是约定推迟婚期。

1939年，妈妈（右）和大姨范景新（左）在河北阜平晋察冀军区三分区

1940年，妈妈在晋察冀军区三分区冲锋剧社时

1943年8月，爸爸突然接到军区政治部通知，要求已当选党的七大代表的爸爸，马上随聂荣臻司令员去延安，参加党的七大。到达延安，爸爸进了中央党校，一边学习、整风，一边等待七大召开，一待就是近两年。爸爸和妈妈两人相距千里，不仅不能相见，而且书信稀少，但两人相互的思念从未隔断。1944年2月，妈妈终于白校学习毕业，正好邓华、黄永胜的晋察冀野战旅奉调延安，姨父王平就托付他们把妈妈带到延安，去和爸爸完婚。然而一路上非常惊险，尤其是穿越同蒲铁路封锁线时，两辆日军铁甲列车开过来，疯狂向过路部队扫射，部队和随队人员皆冲散，妈妈身旁几个战士都中弹倒下，奔跑中妈妈的帽子还被子弹打穿。妈妈冲过铁路，躲过铁甲车，蹚过一条河，随身包袱也被河水冲走，孤单一人，爬上一座荒山。妈妈在漆黑的荒山上熬了一夜。第二天清晨冒险下山，幸运未遇日军，碰到一位好心大伯，他找了头驴让妈妈

1941年，晋察冀军区三分区领导合影（左起：黄永胜、潘峰、詹才芳、爸爸、王平）

1944年6月，爸爸妈妈在延安结婚留影

骑上，两人一起上路，追到天黑才赶上大部队。妈妈随部队辗转三个多月，方来到延安，终于找到相别一年多的爸爸。爸爸妈妈相见，喜极而泣，马上向组织上打报告申请结婚，中央党校彭真副校长很快就批准了，并由党校出费办一桌八人酒席。爸爸自觉延安太困难，不愿给组织添麻烦，便婉言谢绝了酒席。靠自己平日节省的钱照了张结婚照，再给单人床边加了块板子，自己打来茅草铺上，算是婚床。

1944年6月26日，爸爸妈妈在党校分配的窑洞里举行婚礼，条件简陋，却异常热闹。爸爸党校三支部65位同学皆来庆贺，并有祝福贺词对联送上。其中有副贺词对联最风趣：干大事业，背小板凳，两全其美，乐在其中。爸爸妈妈无钱买糖果，连花生瓜子都没有，只是高兴呵呵的立于窑洞口迎进送出，被来宾们逗得实在没法时，就由妈妈唱歌答礼，皆大欢喜。就这样，延安窑洞的婚礼，使爸爸妈妈这对有情人终成眷属。结婚几十年，老两口一直恩恩爱爱，相敬如宾，传为佳话。

爸爸妈妈金婚那年，我们特意为他们举行了隆重纪念活动，全家人兴高采烈参加同庆，作为子女，我们衷心为爸爸妈妈的爱情骄傲自豪。

严以律己　宽厚待人

爸爸从来对自己严格要求，凡有规定严格执行，一丝不苟。新中国成立后，组织配给的专车，爸爸绝不私用。一次下大雨，妈妈下班骑自行车回家，虽有雨衣，到家时却已全身湿透，妈妈知道爸爸对全家人的要求，所以，在原则问题上，从不给爸爸添任何麻烦。

妈妈作为医务工作者，一辈子严谨认真，严格律己。新中国成立后，战争年代白校毕业的妈妈，仍想提高专业水平，到北大医学院进修很长一段时间。妈妈每天骑自行车到总参谋部第二门诊部上班，早出晚归，从不间断。妈妈怀上小弟弟亚明时，已经七个月，依然坚持骑车上下班，导致早产，在协和医院产科的暖箱里，小亚明整整躺了一个月，方存活下来。后来妈妈在总参三部担任卫生处长，全处在妈妈的带领下，团结协作，工作井井有条，诸如当时最难的计划生育工作，年年皆被评为先进。

爸爸心地善良，重情重义，待人宽厚。红军长征过草地，每个人都分有一份青稞炒面做干粮，规定每餐限食二两，违者军法处置，因此大家不敢多吃一口。当草地已走过大半，爸爸发现六团青年干事钟生益饿得话都说不出，一问方知他的干粮袋被河水冲走，多日来仅靠战友们互助维持，爸爸毫不犹豫地将自己炒面匀出一碗，又将杨成武送的咸盐抓一把给他，他含泪收下。1964年钟生益在河南任省军区政委，偕夫人专程来京看望爸爸，感激地说："要不是你那碗炒面，我是过不了草地的。"

爸爸一生为人正直，不思为己谋利。1951年"三反"运动时，爸爸就曾担任总政"三反"办公室主任。1955年7月开始的"肃反"运动，按性质应该由保卫部长担任办公室主任，但罗荣桓主任却提议让爸爸担任全军肃反办公室主任，保卫部副部长蔡顺礼任副主任。罗主任对爸爸说："有关肃反的文书往来，信件传递，以及需要与干部本人见面的材料等，一律由你签名盖章。你是管干部的，人家见了你的名字，不会感到

1982年11月，爸爸向二炮第51基地授军旗，接旗者为基地司令员李殿

压力。如果用保卫部长，人家就会感到问题严重，甚至害怕，不利于澄清问题。"爸爸按照罗主任要求，始终坚持党性原则，实事求是，对一些干部存在的历史或过失问题，认真调查研究，包括向军委领导同志求证，反复讨论研究，并做出客观的评价和结论，使许多存在问题的同志心服口服，与他们相关的问题均得到妥善处理。

爸爸曾任高等军事学院政治部主任、副政委，"文化大革命"时，对造反派夺权，闹派性极为反感，旗帜鲜明加以反对，结果被打倒，污蔑为"走资派""反革命修正主义分子"，加之曾长期在"总政阎王殿"工作过，更是罪加一等，受到上百次批斗、殴打，身心备受摧残。在被关押近两年之后，1969年被遣送石家庄3302厂劳改，但爸爸坚持不说违心话，不诬他人。"九一三"事件后，虽有大批老同志重新获得了自由，但是那时党内生活并非正常化，直到1972年底前，在叶剑英元帅的亲自过问下，1973年11月爸爸被任命为昆明军区副政委。

1978年，全家合影

爸爸1973年到任后得知，中国人民解放军高等军事学院一些人也被分来，有的还是"文化大革命"中要打倒他的人。爸爸不计前嫌，挨家挨户走访，消除他们的思想顾虑，让他们放下包袱，干好工作，令这些人非常感动。1975年，爸爸调到二炮任副政委，并于1982年9月在党的十二大上被选为中纪委委员。爸爸退居二线后，于1984年受中央军委委派，担任海军整党工作联络组组长近一年。爸爸不管到任何单位，始终保持了公道、正派的工作作风。

高等军事学院的子弟，说起"文化大革命"中及其后，都言：王宗槐伯伯无论在哪个单位任职，口碑都非常好。妈妈在总参三部的口碑，也是尽人皆知，卫生处老人对妈妈亲切有加，常来看望。妈妈也是火热心肠，不管关系远近，凡来家里诉说求助的，妈妈都有求必应，并不求报，尽管自己身体不佳，却整天为他人的事情电话不断。

2015年是爸爸百年纪念，特将妈妈（2016年病逝）和我们六个孩子的七篇文章刊载如下，以示情怀。

怀 念

范景明

宗槐同志离开我已经整整17年了。今年是宗槐同志百年，在这17年里，我每时每刻都在深深地怀念着他。

我和宗槐相识于1941年。当时，正处在抗战的艰苦岁月，因各自都有工作和任务，聚少离多，只能靠通信或同志间口头转达一些情况。

宗槐穷苦出身，1岁丧母，8岁丧父，所以，自理能力很强，一生憨厚老实。他14岁参加革命，是个红小鬼。他作战勇敢，曾经在战斗中负伤。记得在初识阶段，有一年夏天，我看到他左臂上有一块很大的伤疤，问他什么原因，他说，那时他还是个红军战士，并给我讲了负伤的经过，还特意强调，作战时要勇敢向前，尤其在冲锋时，越不怕死，存活的机会越大，尽快地消灭敌人，才能减少部队伤亡。

宗槐文化水平并不高，只读过8个月的私塾。按他的说法，就是念过《三字经》《百家姓》等。但是，他非常爱学习，对学习机会特别珍惜，学习的效率很高，养成了极好的学习习惯。在几十年的生活安排中，每天必要看报和读书。从而，奠定了他的文化底蕴。参加革命近70年，学习成果除了体现在战斗、工作和完成任务上，还体现在于对国家、民族、社会的关注以及教育子女方面，这无疑使他个人终身受益，也给全家人树立了榜样，带来了福音。

宗槐的自律精神非常强，尤其是遇到公与私的问题，从不含糊，有时甚至让人感到有些不近情理。记得1944年，我们在延安结婚，按规定组织上可免费给办一桌酒席，宴请名额八人，由我们自定。但是，宗槐考虑到延安物质条件很困难，并没有征求我的意见，就婉言谢绝了。宗槐在很多事情上总是率先垂范，说到做到。20世纪50年代，他在总政工作时，我们住在北京六部口，房子宽敞，院子也大。后来，总政机关成立了卫生处，宗槐是机关党委书记，又兼任秘书长，便主动让出这处房院给卫生处，我们全家搬到下洼子一个小院落。在用车方面，宗槐讲原则，我也从不给他出难题，无论刮风、下雨、下雪，每天我去上班，都是先挤公共汽车，再上单位班车，几十年如一日，始终按宗槐的要求去做。他对全家老小及身边工作人员要求都非常严格，他的指导思想就是，只要对公有利，个人事小。

1949年，爸爸妈妈在陕西三原留影

1972年，爸爸解除"劳动改造"后与妈妈合影

宗槐在生活上很朴素，从无苛求，也没什么讲究。在职时就是戎装一身，离休后着装得体干净即可。喜欢吃的东西就是几样家常菜，豆豉苦瓜、苋菜、红烧肉、烧茄子，虽然简单，对他来说就非常知足了。

宗槐从红军时期就从事青年工作和政治工作，一辈子遵循的就是以身作则，坚持实事求是。他为人正直，从不争名求利。他平易近人，始终以诚相待。他襟怀坦白，刚直不阿。他无论在哪个单位工作，心里总是想着群众。因此，密切联系群众、坚持调查研究始终是他依赖的法宝。与宗槐在一起工作过的同志，无论是他的领导和同事，还是普通干部、战士和职工，都说他没有架子，敢向他提意见，敢和他讲心里话。尤其在"文化大革命"中，宗槐被关押，遭受迫害，吃了大苦，我也曾受到不公正待遇。当时，虽在一院，却似天各一方。虽然见不到，打倒的口号声却不绝于耳。尽管如此，很多群众遇到我，除了表示同情和安慰，还悄悄让我代向宗槐问好。他被遣送石家庄劳动改造期间，3302厂的工人群众，最初以为被劳动改造的没有好人。但是，看到的是个一身戎装、遵守纪律、打扫卫生、排队买饭、读书看报、和蔼可亲的人。有些老工人知道宗槐的名字和境遇，非常同情他。相处久了，工人们都愿意跟他在一起干活聊天。工人们开始说他是好人，有的说他冤枉，许多人惊讶地说，那么大的干部，真想不到，也看不出来。后来，工人抢干他的活或干脆不让他干，让他休息，吃饭也让他先吃，许多工人向他问寒问暖，非常关照。从此，宗槐和工人们建立了深厚的感情。

宗槐重新工作后，解放思想，不计前嫌，开拓新的局面，全身心地投入工作，在新的岗位上努力为部队建设做出应有的贡献。

离休后，宗槐仍然心系国家和人民，关注国际、国内形势，积极参加各种社会公益活动，组织老战士合唱团大唱革命歌曲、讲授红军传统、策划组织抗战纪实片的拍摄、用光荣传统教育青年学生、给少先队赠送革命英烈和科普知识书籍、为老区扶贫奔走呼吁，参加各种为国为民座谈会，献计献策……

宗槐的一生，豁达谦逊、无私无畏，令我终生敬佩。

宗槐的一生，朴实无华、表里如一，让我没有遗憾。

宗槐啊，孩子们都很孝顺，你就放心吧！

我和全家人都深深地怀念着你，直到永远。

永恒的怀念

王亚真

在纪念抗日战争暨世界反法西斯战争胜利70周年之际，在父亲一百周年诞辰祭奠之日，我站在父亲的遗像前，默默沉思追忆父亲生前往事，就像过电影一般一幕幕地掠过。父亲戎马一生，除了他对国家、对党、对人民、对军队的无限忠诚，恪守共产党员的职责外，给我们印象最深的是他勤奋好学、廉洁自律、坚毅耿直、平易近人的精神品质。在我们记忆中的点滴小事都映射着父亲的高尚品质和正直为人。

1950年10月，爸爸在全军第一次青年工作会议上讲话

父亲苦出身，父母早年双亡，幼年无学上，11岁当学徒工，14岁便参加了红军，就是这样一个从来没有读过书的工农干部，靠着自己的刻苦钻研、勤奋努力、不耻下问的学习精神，战胜了能够阅读各种报纸、杂志、文件的"拦路虎"。正是这种精神力量的支撑，使他很快成长为部队的一名优秀的政工干部，一生中与我党、我军的青年工作结下了不解之缘。远在长征途中他就担任过红军某师的青年科长。新中国成立后，他被调到总政治部当了我军的首任青年部部长，同时担任共青团中央书记处书记和全国政协常委。

在我的记忆中，每次回家在书房看到的都是父亲在孜孜不倦地读书，当你随便拿出书架上的一本书翻看，就会发现每篇文章、每一页上都标着各种不同的符号，用红笔、蓝笔勾出的痕迹，有横道、圆圈、三角……他将文章的中心思想、重点内容全都标出。记得那是一个炎热的夏天，原总政治部主任萧华叔叔和刘志坚伯伯一起来到父亲的书房，当时见父亲一手拿着毛巾不停地擦汗，一手拿着笔在书上不停地敲打着，看来是遇到了问题。萧叔叔看到后，笑着问道："如果有攻不下来的堡垒，我给你打个增援。"刘伯伯也紧跟说道："我就不信什么问题能比敌人的35军还难打……"当年指挥打下新保安，全歼敌35军，那是父亲军旅生涯的得意之笔，叔叔和伯伯的鼓励使父亲兴致倍增，他幽默地说："方才我恰恰遇到几个小碉堡，请你们火力支援一下。"接着父亲拿出一张写满字的纸，认真、详细地询问了"参与"和"参予""刻苦"和"克苦"等容易混淆的词语，以及几个不便记忆的繁杂字。他听着萧叔叔、刘伯伯的讲解，一边认真记录，一边开心地放声大笑起来。

从小父亲就严格要求我们，特别是不能有干部子弟优越感，就拿派给他的公车来讲，父亲规定，除了保证他上下班，其他人不得动用。他经常对我讲的一句话："我不要求你做个如何有地位的人，但要求你淡泊名利，做个踏踏实实为人民做事的人，要靠自己的努力，不是躺在父母的功劳簿上吃老本。"我感到了父亲的要求就是教导我们如何做人。

我们从小到大，在吃饭问题上就可反映父亲勤俭节约的良好生活习惯。他在饭桌上常说："锄禾日当午，汗滴禾下土。谁知盘中餐，粒粒皆辛苦。"看他每餐饭后所用碗、筷上粒米不剩，甚至将掉在桌面上的米粒都捡起来吃了。这个节约的良好习惯传给了我们这一代，我们又传给了下一代。记得在父亲病重期间，他已经很难进食了，想吃旺旺雪饼，去看父亲时买给他吃，看着他将雪饼咬在嘴里难以下咽，饼干渣掉在胸前，他仍旧用手捏起来放到嘴里。真是一个永远不忘本的人。

父亲超常的记忆那是在多年的青年工作、干部工作中磨炼出来的。早在战争年代就有"活词典"的美誉，基本上对花名册上的个人履历过目不忘。许多几十年未见的老战友和他们的家庭成员以及老一代的工勤人员，他都记忆犹新。记得在父亲病重期间，有一位曾经在总政基层工作过的下属干部，他非常熟悉和敬重父亲的平易近人、对上对下一视同仁的工作作风，闻讯后特从外地赶来看望。虽然相隔几十年了，当时父亲呼吸都有些困难，但是，一见这位熟人，就努力打起精神，握着他的手叫出了他的名字，接着又一口气说出他是何地人、何时当兵、何时入党以及入党介绍人是谁，让我们在场的人都惊羡不已。这位熟人感慨地说："他不仅仅是对我，而是对所有熟悉的干部都是这样了解。"

1995年2月，父亲在解放军总医院体检发现肝内占位病变，消化科专家考虑恶性肿瘤。父亲对病情从来不提任何问题，表现非常坦然。母亲很快联系了上海市东方医院肝胆外科吴孟超教授，我随同父亲到了上海，由吴孟超教授亲自为他进行经皮肝脏穿刺、无水酒精注射微创治疗肝脏肿瘤。10公分长的注射针头刺入肝脏，注入无水酒精后局部会胀痛难忍，有时需要重复穿刺多次，每次看到父亲都是紧锁双眉、满头大汗、咬牙坚持。注射后第一天晚上出现寒战、高烧反应，体温最高到39.2℃，我守候在父亲身边，用温水毛巾不停地给他擦拭，但他却一声不吭，强忍全身的不适，向我露出了勉强的笑容，低声地对我说："战争年代枪林弹雨都闯过来了，这点疼痛算什么，我挺得住。"为了配合每一次治疗，父亲都要忍受着药物注射后的强烈反应，坚持完成了两个疗程的治疗。就是在这种情况下，他依旧坚持每天看报、看书学习。还将报纸、杂志上看到的有关治疗肝脏肿瘤的新进展、新信息资料，全都剪贴下来留给我，鼓励我去学习研究。在3年零8个月的病程中，父亲还去参加了许多社会公益活动。直到临终，父亲始终保持了坚毅、乐观的精神面貌。

如今，在我的书房里，依旧悬挂着父亲生前写给我的一幅字：勤奋榜样。在我40多年的行医生涯中，没有辜负父亲的嘱托，成为军内一名优秀的医务工作者，在我退休之年仍然发挥余热，为百姓服务终生。

爸爸，我始终牢记您的勉励，默默耕耘。

父亲与将军业余合唱团

王亚利

1959年，新中国成立10周年之际，在人民大会堂演出的"将军业余合唱团"，就是我父亲王宗槐与他的战友最早创办组建的。50年后，子承父志，我像父亲一样，与几个同学一起，为庆祝新中国成立60周年，于2008年筹划、组建了"开国将军后代合唱团"，可以说直接传承了父

1959年，时任合唱团政委的父亲（三排左一）与战友一起在人民大会堂参加十周年国庆演出

辈的光荣传统。

父亲曾对我说：1958年，中国人民解放军高等军事学院（国防大学前身）开学后，将军学员们除了每天学习训练外，业余时间都在进行体育活动和练习唱歌。这时担任学院政治部主任的父亲忽然想到，为什么不组织将军们成立一个"将军合唱团"呢？他很快便着手这项工作，把将军学员们组织了起来。

1959年，为活跃群众性文化活动，参加全军第二届文艺汇演，向新中国成立10周年献礼，高等军事学院组织了由百十位将军参加的将军业余合唱团，大家推举学院政委李志民上将担任指挥，唐延杰中将为团长，王宗槐中将为政委，熊伯涛少将担任朗诵。经过几个月业余时间的排练，于6月1日在全军第二届文艺汇演开幕式上首次登台亮相，受到了广大观众的赞誉。接着又到中南海怀仁堂向中央领导同志作汇报演出，受到中央领导同志的连声赞扬。演出一结束，周恩来总理指示把将军合唱团的节目作为国家节目，参加国庆10周年晚会演出。后来，解放军各总部、驻京部队的将军也参加了合唱团，队伍人数扩大到230位。10月3日晚上，将军合唱团参加了在人民大会堂举行的盛大庆祝晚会。毛泽东、刘少奇、周恩来、朱德等党和国家领导人，以及当时的苏联领导人赫鲁晓夫和前来参加国庆大典的各国贵宾们，都观看了演出。将军合唱团的大合唱，以威严的阵容、嘹亮的歌声和气吞山河的声势，显示了军威和国威，鼓舞了全军将士的斗志，这种气势，古今中外绝无仅有。在将军合唱团的活动中，父亲既是组织领导者又是积极参加者，自始至终起着引导和积极的推动作用。

这个仅仅组建了一年左右时间的将军业余合唱团，不仅唱响了中国，也震惊了世界，后来拍成了彩色纪录片公映，以满足全社会观看他们演出的需求。

"文化大革命"期间，父亲受到了迫害，但他始终心系往事。直到离休后，他和一批老红军、老八路又成立了"老战士合唱团"，并担任了"老战士合唱团"的名誉团长。这个合唱团一组建，同样受到了各界的关注和欢迎。

2008年6月，作为他的女儿，我又发起创办了"开国将军后代合唱团"。"开国将军后代合唱团"继承父辈的遗志，用激情歌唱父辈和英雄，歌唱亲爱的祖国，歌唱勤劳的中国人民，歌唱英勇的人民军队，歌唱伟大的中国共产党！这就是我们建团的宗旨，这就是传承。

50多年过去了，"将军业余合唱团"的绝大多数成员已经离开了我们，离开了他们为之奋斗不息的事业。但是，他们所热爱的人民是永远不会忘记他们的。他们倾情的歌声，将和他们倾注一生的事业一样，源远流长。

爸爸，女儿想念您！

以实为本　光明磊落

王亚中

1937年4月，爸爸在延安留影

父亲最讲实事求是。他在有生之年，一直教育我们，要讲实话，不要耍小聪明，错了就要勇于承认。他说，自己一生中曾犯过三次错误，都是在红军时期。由于受到领导批评教育，从而吸取教训，终身受益。

第一次，他擅自下河游泳，违反了纪律，受到连队领导批评。从此，终生严守组织纪律，绝不再犯。第二次，因为口渴，向老乡讨水喝，好心的老乡给的是米酒，他不知深浅，喝多了醉了。父亲讲，回到连队昏睡不醒。结果，又一次遭到连队领导批评。从此，终生滴酒不沾。第三次，在他当红一军团教导营政委期间，用缴获的一批布料，给全营每人做了一套新军装，受到时任红一军团政治部副主任邓小平的批评，说他是本位主义。从此，使他一生坚持一切要服从组织安排，一切要着眼于大局。

父亲经常强调要勤俭节约、艰苦朴素，这也是老一辈的传统。父亲从小对我们的教育就是从点滴入手，吃饭时，他掉在桌子上的米粒，自己都捡起来吃了。虽然有炊事员，但他吃完饭坚持自己去洗碗筷。同时，检查我们兄弟姐妹是否吃得干净，谁也不许浪费。吃完饭，要求我们加强劳动观念，自己去洗碗筷。父亲平时教育我们，要节水节电、节约每一分钱。他要求我们做的，自己必会率先做到。父亲几十年穿的、用的，就是那几套衣服和一些生活必需品，没有讲究，更无奢华。父亲曾经的衬衣、衬裤和袜子，都是缝补过再穿。母亲省吃俭用，几近"抠门"，父亲形容母亲，"省着好的吃烂的，吃了烂的烂好的"，可见一斑。

初心如磐

但是，他们对党、对公益事业，从不含糊。父亲在1998年10月病逝前，特意准备了1万元，作为党费交给了组织。2004年10月，母亲到父亲的老家江西万载县，为了家乡的教育事业，特意代表去世的父亲捐助了1.5万元。他们并没有多少钱，但他们的作为，令子女们都深深感动，他们的精神无比可贵。父母的美德，源于他们的贫苦出身，源于战争年代的艰难险阻，源于面对生死的考验，源于对美好生活的珍惜。

父亲的一生，以实为本，光明磊落。他强调，作为一个领导干部，要始终坚持"三项原则"，即坚决执行命令、严守组织纪律、密切联系群众。他说，能坚持做到这三点，你这个领导就算基本合格。我小时候就听父亲常说，多少战友都不在了，能活下来的就算幸运。要对得起牺牲的同志，要多为国家和人民做些事情。所以，不但他对自己要求严格，对全家包括母亲和身边工作人员，都不在话下。

公私分明是父亲的又一特点。公家给他配了专车，他经常强调，这是组织上配发的工作用车，不是家庭用车。无论是亲戚、朋友，还是老战友来家中，甚至因工作关系的同事到来，父亲始终坚持自己出钱招待，绝不慷公家之慨。

在"文化大革命"期间，父亲遭到残酷迫害，批斗、劳改，前后6年之久。尽管如此，他释放后与我的谈话，对我起到莫大的教育。他说，无论吃多少苦，受多少罪，只要相信党，相信群众，历史最终会说明一切。当然，父亲以一个老共产党员的坚强和毅力挺过来了。于1973年又重新走上了工作岗位。

父亲有一幅宽大的胸怀。他重新走上的工作岗位是昆明军区副政委，1969年由于高等军事学院解散，有一批曾经批斗过他的师团级干部，被分配到昆明军区，这些人听说我父亲到军区来当领导，十分紧张，认为他们肯定在劫难逃。我父亲听说后，完全从大局出发，摒弃前嫌，还主动挨家挨户走访做工作，让他们放下包袱，集中精力，干好工作。这批干部万万没想到，我父亲竟如此宽宏坦荡，使他们深受感动，从而激发了他们的工作热情，为部队的建设做出了不少成绩。

亲爱的父亲，往事历历在目，说不完道不尽，儿子会始终遵照您的教导，永远忠于祖国，忠于人民。在任何时候要向您一样，做到以实为本，光明磊落。

永远怀念您——我亲爱的父亲！

艰苦奋斗　永不忘本

王亚英

我的父亲王宗槐是一名1930年参加革命的老红军，是1955年授予的第一批开国中将。参军40余年，经历许多单位，我一直把父亲的教导铭记心头，做好普通一兵。

父亲从小就教育我们要勤俭节约、艰苦奋斗。上学时，我和妹妹总是穿着哥哥姐姐穿过的衣服，因为是棉布制的，胳膊肘和膝盖、袖口、裤脚等处经常是打着补丁或接上一节别的颜色的布，课外活动时不敢活动太剧烈，否则外衣就有可能不知从哪儿裂开了，也只有过年时才可能穿新衣服。记得我们很小的时候父亲因工作繁忙早出晚归，很难见到他，我和妹妹都是姥姥带大的，那时候总看见姥姥用大大小小的木制袜板撑着线袜给我们补，袜底经常

1950年，父亲首任总政治部青年部部长

是一层又一层的补丁，厚厚的，直到后来看电影《雷锋》时看到他的厚底袜，便不由得想起自己小时候也穿过这样的袜子。父亲自己则更加朴素，从来都穿着军装和部队发的皮鞋，离休前几乎没有买过便装，一件毛衣一穿就是几十年，却在临终前把自己节省下来的1万元交了党费！

父亲也经常告诫我们做人做事，要顾大局守规矩，虽然现在生活好了，但是，要记住历史，永不忘本。当年，我们兄弟姐妹6人，上学期间都是住校。周末回到家，在餐桌上早已摆好6份水果和糖块，是由大到小的顺序排列的，我们都知道只取属于自己的那一份，而且兄弟姐妹之间还经常会互相谦让着吃，正是父亲这种融入生活的良好教育以及这份和谐的家庭环境，造就了我们这一生都活得安分、踏实。

记得在十一学校和八一学校上学时，我们都是乘坐父亲单位的班车或公交车往返，从未因父亲配有专车而搞过任何特殊。成家后，有一次抱着孩子，还买了不少东西，因住处离父母家较远，想用父亲的车送我们回去，而父亲语重心长地对我说："车是组织上安排给我工作用的，咱们家里人都要自觉遵守用车纪律。"虽然最后我们大包小包的、抱着孩子坐公交车回家十分疲惫，但是我对父亲这份严于律己有了更深的体会，更加尊重父亲了。

爸爸，女儿永远怀念您。

父亲培育我学习成长
王亚雷

父亲一生注重学习，他教育我们从小就要好好学习，努力掌握知识和本领，长大为祖国、人民做贡献。由于他和母亲工作忙，所以我们从上小学开始就住校。每到周末回家，我常常看见父亲在读书、看报、阅读文件和写笔记。在认真学习上，他为我们作出了榜样。

记得每逢寒暑假开始，父亲总会抽出周末时间和我们一起去书店买书，除了购买假期作业规定阅读的书籍，父亲会尽量满足我们的要求，多买些我们感兴趣和喜欢的各类图书。这更激发了我们的求知欲和读书热情。同父亲一起在书店里边看边选的兴奋，至今记忆犹新。

父亲的教诲和鼓励伴随我成长，我长大后在学习上的进步和提高离不开父亲的关心和帮助。大学毕业前写论文时，需要查找和阅读大量专业书籍和资料，除了北京图书馆和本校图书馆外，父亲还帮助联系了社会科学院图书馆，我前去查询并借阅了有用的书籍。20世纪80年代初期，电脑没有像现在这样普及，父亲专门借用了一台小型打字机，使我顺利完成了写作，取得毕业论文5分的圆满成绩。

毕业工作后，父亲教导我：学无止境，要坚持不懈地学习，才能跟上时代的发展，不断充实自己的知识和提高自己的能力，这是更好为国家为党工作的基础。我在做好工作的同时，继续抽时间读书学习，在1995年9月成功通过了英国驻华大使馆组织的考试，获得英国政府的全额奖学金。之后赴英留学，攻读工商管理硕士，学习了国际商务和金融。当时虽然远在他国读书，父亲仍通过有限的通信，鼓励我勤奋学习，学成归来，报效祖国。他一再嘱咐我要劳逸结合，保持健康的身体和充沛的精力，以便更好地完成学业。远在他乡，父亲的关心和鼓励是我发奋图强的巨大动力，我没有辜负父亲的期望，学成回国。其实，当年在英国留学毕业后，有机会留在当地工作，但父亲的谆谆教诲时刻告诫我，中华学子学业有成，应报效祖国。所以，我毕业后即回国工作。

父亲在离休后，仍然坚持读书学习。他的作息时间始终保持了军旅生涯的规律。他每天早晨按时"出操"锻炼，上午读书、看报，下午练习书法等。他还是一如既往地关心国内外大事，关心军队建设，同时关心我们的进步。他不时与我们交流一些知识和心得，这也鞭策我们继续努力学习和提高。

父亲曾负责军队的青年工作，根据年轻人的特点，他注重用德、智、体全面发展的方法教育和培养年轻一代健康成长。在我们成长的过

1951年1月，中国青年代表团访苏期间在莫斯科航空俱乐部（做笔记者为父亲）

程中，他教育我们要忠诚党的事业，坚持真理，在任何情况下都要实事求是。父亲以身作则，做人处世正直、诚信、善良、豁达，他用一生的实践为我们树立了做人的榜样，使我深刻体会到，要做好事先做好人的道理。在周末、假期和过年过节时，父亲喜欢同孩子们在一起唱歌、下棋、打扑克和游戏。家里买了风琴和手风琴，父亲时常弹奏着风琴教我们唱红军和历史歌曲，还同我们一起合唱。我们不仅学会了很多优秀的歌曲，哥哥和我还学会了演奏手风琴。每逢暑假，父亲利用休假，带我们去海滨游泳。这使我从小就学会了游泳，并且锻炼了在大海的风浪中前行的勇气。同父亲在一起的快乐时光，如今依然历历在目，在他的亲切教导和培育下，我们茁壮成长为新中国一代年轻的接班人。

当年，我们常听父亲讲述长征的故事，讲述在峥嵘岁月的战斗中和艰苦卓绝的革命生涯中始终坚守革命理想和信仰的道理。在我成长进步的历程中，他倾注了无数的关爱和心血。他平时的所作所为，让我看到了一个老军人、老党员正直忠诚、坚持真理、为官清廉、勤恳敬业的高尚人格和精神。榜样的力量是无穷的，父亲的榜样是对我最直接的教育和引导，激励我永远向前。

亲爱的爸爸，您永远是我成长的楷模！

爸爸教我学地理

王亚明

1949年8月，爸爸率部向西北进军时留影

今年是爸爸百年纪念。

回想往事，爸爸的音容笑貌就在眼前，爸爸的举止言谈犹如隔日，更让我陷入深深的回忆。

我上初中时，其他课程成绩一般，但是，地理课成绩一直比较好，在班里可以说，算得上前几名。地理课之所以有这样的成绩，得益于爸爸当年的启发和循循善诱的教导。

由于战争年代养成的习惯，爸爸特别喜欢看地图和学习地理知识，无论是中国地理，还是世界地理，他都十分喜欢。爸爸的记忆力很让我羡慕，很多数据他能记到小数点后两位。刚上小学时，爸爸就跟我讲过，中国有多少省份、有多大面积、人口最多的是中国，世界有几大洲几大洋、世界最高山峰、世界最长河流、世界最大国家，等等，虽然年纪小，在爸爸的经常灌输下，却也记住了不少知识，有时，我还主动和爸爸比赛，看谁说得多、说得对，与哥哥姐姐比

1994年，父母金婚纪念全家福

我也不甘示弱，结果可想而知，我基本上都败下阵来，这却勾起了我的求知欲望，渐渐地我从心眼里开始喜欢上了地理知识。

上中学了，爸爸为了鼓励我学好地理，扩展知识面，特意送给我一本《世界概况》，很大、很厚、很重，书中涵盖了世界各国的民族、地理、自然、环境、政治、经济、军事、文化、方位，等等。可以说包罗万象，让我爱不释手。除了完成正课的学习以外，我有空就看，有空就记，几近成瘾。我和爸爸经常探讨，关于学习地理的好方法，然后，和爸爸一问一答比赛记忆力，妈妈有时还给我们当裁判。至今回想起来，心里依然感动。爸爸，时代在发展，国家在强大。如今，中国人已不局限于国内的旅游，而是跨出国门走向世界了。爸爸对我地理知识的培养和我个人不断地积累，现在看起来真是太有用了。

爸爸，我们一切都好，请您放心吧。儿子不会辜负您的期望和良苦用心，一定完整地走完自己的人生道路。

总之，我们的爸爸妈妈无愧于人民，无愧于祖国，无愧于人民军队，无愧于中国共产党。他们是艰辛的一代，是勇敢的一代，是无悔的一代，是光辉的一代，也是永记初心的一代。作为儿女，我们会沿着父辈未尽的道路，坚定不移地走下去，直到永远！

简　历

吕梁（1920—1994）

　　无锡锡山区东北塘镇人。1938年初加入医疗队为前线伤员服务并宣传抗日救国，同年入延安抗日军政大学，1939年8月加入中国共产党。曾参加过抗日战争和解放战争。荣立一等功两次。新中国成立后曾任《人民战士报》社长、《解放军报》副社长、社长。1983年当选为第六届全国人大代表。

　　吕梁一生从事宣传、新闻工作，撰写过大量文章和评论，主要著作有《抗日游击队的故事》《俘虏口中的零比七十》《夜渡黄河》《血汗筑成的战壕》《最后的党费》《前线办报杂记》等。

　　1994年11月，因病去世，享年74岁。

父爱铭心

◎吕晓军　吕大阳　吕晓群　吕晓清

　　光阴荏苒，白驹过隙，爸爸离开我们30年了。平日里有意不去想，是怕牵动我们思念他的那根心弦。此刻，爸爸的音容笑貌浮现在眼前，萦绕在耳边，那带着些许乡音的话语，和蔼可亲的微笑，循循善诱的教导，步履坚定的脚步声……

　　爸爸1920年出生在江南水乡的无锡东北塘小镇，1938年奔赴延安，进入抗日军政大学学习并留校工作。从此，爸爸就开

1985年夏，爸爸和我们兄弟姐妹4人

始了以笔为枪的新闻事业并为之奋斗一生。无论是在抗日烽火的太行军区、八路军129师，还是在解放战争中的中原野战军、15军、第二野战军新华支社，以及刚刚解放的西南军区宣传部，不怕流血牺牲，把报纸办到前线，一直是他奋斗的目标。他的笔下记录有八路军游击队艰苦卓绝的抗日英雄事迹，有解放军战马嘶鸣的黄河夜渡，有千里挺进大别山，有来自淮海前线的战场巡礼……

1947年，爸爸妈妈结婚照片，他们相濡以沫44年

1955年，国防部长彭德怀给毛泽东主席写报告：办一张军队的报纸。爸爸与从全国各大军区选调的人员来到北京，参加筹建《解放军报》的工作。1956年1月1日，解放军报正式创刊发行，毛泽东主席亲笔题写了刊头。之后的近40年，爸爸就和《解放军报》荣辱与共、终生相伴。

在我们儿时的印象里，爸爸似乎永远在办公室工作。饭做好，没有几个电话催促，他是不会回来吃的。还有就是他老上夜班，吃过晚饭，他就会匆匆上班去了。早晨我们起床上学，爸爸才刚刚回家睡觉。久而

1964年7月7日，毛泽东主席重新为解放军报题写报头

周末假日，爸爸在家也经常伏案看稿件，改稿子

久之，孩子们都养成了轻手轻脚、小声说话的习惯。

星期日，爸爸即使在家，不是看报，就是趴在写字台前看稿件，改稿子。爸爸一天要看几万字的稿件，大到文章结构调整，密密麻麻整段的修改，小到一个标点符号，文字差错、语法分寸、精准的选题、精彩标题，字里行间无不渗透着爸爸的认真与严谨，每份大样的签字付印无不显现出他杜鹃啼血般的精耕细作。

对于孩子们的成长教育，爸爸是很用心的。平时工作忙，聚集的时间少，饭桌上议事成了我家最宝贵的交流时间。白天在学校、单位和社会上发生的大小事情，外面流传的时事话题，国际、国内新闻等，都可以在饭桌上各抒己见，发表自己的看法。这个传统直到今天还在延续。

每逢星期天，他一有时间，就把我们叫到一起，读报纸或者背诗词。20世纪60年代的先进典型，《雷锋日记》《南京路上好八连》《县委书记的好榜样——焦裕禄》《为了六十一个阶级兄弟》《红旗插上珠穆朗玛峰》，都曾是读报内容。为了丰富我们的课外知识，爸爸给我们订

爸爸和《解放军报》终生相伴近40年

1977年，全家福

阅杂志,《小朋友》《民间文学》《人民文学》《解放军文艺》, 推荐我们看《钢铁是怎样炼成的》《卓娅和舒拉的故事》《十万个为什么》, 增加我们的知识量。文天祥的《正气歌》、岳飞的《满江红》、白居易的《琵琶行》、苏轼的《赤壁怀古》, 当然还有毛主席的诗词, 到现在还烂熟于胸。爸爸支持我们参加课外兴趣小组和什刹海体校篮、排、乒乓球队, 鼓励我们德、智、体全面发展。教育我们为人正直善良, 待人诚恳热情, 努力学习、踏实工作、艰苦朴素, 政治上严要求, 生活上低标准……这些无不为我们把握指引了正确的人生方向。

我们兄弟姐妹, 在爸爸妈妈的哺育下愉快地度过了童年, 在爸爸妈妈的关怀里幸福地走入了学校, 在爸爸妈妈的教导中迈进了人生。我们都有对爸爸的思念, 都有对爸爸的回忆……

1983年夏, 全家福

爸爸是我的榜样

吕晓军

　　我是家里的大女儿，1951年出生在重庆，人生经历比较简单，上学、插队、当兵、编辑。1985年，随着裁军百万的一声号令，我结束了17年的军旅生涯，走进科技日报社，开始了新的人生起点。对于新闻工作，从小受爸爸的影响，耳濡目染，许多新闻业务和术语并不陌生。但是从部队的通信参谋，到报社编辑，完全是两个不同的领域，也是一次"而今迈步从头越"的转身。

　　爸爸是新闻战线的老兵，从抗日战争起，经历了解放战争，到新中国成立，爸爸始终工作在党和军队的新闻战线。1955年，爸爸从西南军区宣传部调到北京，筹办《解放军报》，从此爸爸就和《解放军报》结下一生之缘。不知是机缘巧合还是老天有意安排，30年后的1986年1月1日，我竟也成为国务院科技领导小组主办的《科技日报》的第一批"元老"。两张报纸，一个创刊新中国成立初期，一个时逢改革开放，都伴随着时代步伐应运而生，但发生在我们家，就仿佛是一种传承。初进报社，我还不知道怎样做记者，怎样写新闻。爸爸就以自己几十年工作经验告诉我，"写新闻要到现场去，到现场，亲眼看到的要生动得多，文章要短些再短些，现场短新闻是做新闻工作的基本功"。

　　无论在战争年代，还是和平时期，爸爸总是要到第一线。淮海战役，爸爸在新华社二野支社，他们把《战场报》办到了前线。1976年唐山大地震，

20世纪70年代初，我与爸爸

震后第3天爸爸就带领军报社报道组奔赴唐山，在唐山机场一角就地办公，采写军民抗震救灾实况。1985年对越自卫反击战，"两山"前线召开英模庆功会。已经64岁的爸爸不顾冷枪流弹，冒雨上扣林山、法卡山，到猫耳洞里采访前线官兵，当晚发回战地新闻。

作为解放军报社社长，爸爸当选为第六、第七两届人大代表。10年间，每年的两会，他在参会议政的同时依然是带着报道组，部署每天报道，并亲自撰写全军宣传提纲，两会结束后，以最快速度把会议的最新精神传达到全军各部队。

最好的榜样就在身边。1990年，我荣获全国记协主办的首届"全国现场短新闻"奖。记得那天在人民大会堂，爸爸作为全国记协书记颁奖，女儿领奖，我想，那一刻的爸爸一定是欣慰和自豪的。

在科技日报社20年，做编辑17年，从中级职称到高级职称，我成长了。编辑工作就是为他人作嫁衣的幕后工作，文章稿件见诸报章时只

爸爸当选为第六、第七届全国人大代表

署记者名字，不署编辑的名字。淡泊名利，做幕后英雄，心甘情愿付出，是需要思想境界的。"甘当"二字何其纠结却又是那么顺理成章，爸爸对此体会最深。所以在我刚进报社工作时就给我打过"预防针"，老生常谈，编辑工作就是裁缝，为他人作嫁衣，而且要做充分的思想准备。我在记者部工作，每天要编辑三十几个记者站来稿，工作量相当大。我的脑海里，爸爸就是这样整天改稿子、写评论，日复一日，年复一年，不计名利，几十年如一日。我也学着这样做，虽然没有留名，但连续多年我被评为报社"十佳"，编稿数量第一名，编辑头条第一名。

1990年6月，我荣获"全国现场短新闻奖"，颁奖大会后我和爸爸在人民大会堂合影

爸爸是在工作岗位上病倒的，而且一病就是五年。多发性脑栓塞、脑软化与多年忘我工作、积劳成疾有着必然的联系。躺在病床上，他回忆自己参加革命的心路历程，哼唱抗大校歌，讲述战争时期的逸事，积极配合治疗与病魔斗争。1991年，爸爸的病情很严重了，长期卧床肺部感染有时会高烧昏迷。在我值班陪护的一天凌晨他醒来，我小声告诉他，新华社六十年社庆，新闻研究所想邀请他写篇回忆文章。"新华社六十年了，我到二野新华支社还是黄镇同志亲自找我谈的话，那时他是15军政委、军区政治部主任，我才二十几岁。"爸爸开始了他的回忆。"战争年代机构非常简单，全社一共只有八个人。写稿、编报纸、印刷、发行，甚至收发抄报都是这几个人，收前线的消息用15瓦电台，手摇发

电机背在身上摇手柄发电。我们当时的任务有四个，反映战斗情况，宣传群众纪律，宣传贯彻新解放区政策，典型报道……"重病在身的爸爸说起战争年代的事情脑子特别清楚，我忍着泪水赶紧记录。他时而说累了昏睡过去，时而又醒过来接着叙述，就这样断断续续完成了他最后的一篇文章《新华支社战斗在淮海前线》，后被收录在新华社六十周年专辑中。

在生命的最后时刻，他依然挂念的是军报工作。有爸爸这样的榜样和精神激励，我们做儿女的不敢懈怠。

爸爸的教诲

吕大阳

走入社会时我还未满17岁，先是到延安插队，后是入伍参军。少小离家在外，总盼着收到家信。家信中有妈妈的嘘寒与问暖，姐姐妹妹们的新奇事与热烈讨论，而每次收到爸爸的来信则总感到沉甸甸的，字里行间饱含着对作为长子的我无比殷切的期望与鞭策，感受到那如山的父爱。

不满3岁的我和爸爸的合影

记得刚入伍的那天，我兴奋地写信告诉爸妈："一夜之间成为梦寐以求、令人尊敬的解放军战士，这种感觉让我兴奋得不能自已。"很快我收到了爸爸给我的第一封信。信中爸爸说："你是家里几个孩子中第一个穿上军装的，我为你感到骄傲，但要记住这身军装给你带来的不仅仅是光荣，作为一名军人，今后还将伴随汗水、痛苦甚至鲜血。"

在后来的日子里，我多次体会到爸爸信中所说的"汗水和痛苦甚至鲜血"。记得1972年参加第二次双千里野营拉练，我一人负重全班的后备弹药，带领班里的骡马和辎重小组前行。超重的装备使得我的棉衣每天都被汗水湿透，脚底也磨出大大小小的血泡，但我没有退缩，一步步挺了下来。之后的几年中，面对一次次磨炼与考验，我没有愧对军人的称谓。

1973年年底，我终于入党了。那夜，我久久不能入睡，爬起来连夜给爸爸写信，向爸爸吐出我全部思想：从知青到军人，从普通青年到共产党员，我又向前走了一大步。但是兴奋之余我又想到自己已经当兵三年，按理已超期服役，是否应该考虑复员回家？而且入党以后好像不知道下一步该以什么作为目标，有些迷茫。

肯定是第一时间，爸爸迅速给我回了信，先是祝贺我入党，之后又意味深长地写道："看到自己的孩子在政治上的进步真是一件令人非常高兴的事。然而，从信中我看到了一个尚不成熟的你。大阳，我必须批评你，你的迷茫说明你还没有真正入党，入党不是止步信号，入党只能是'加油站'。想一想，即使你复员回家，在以后的工作中也必须以一个共产党员的标准来严格要求自己，无论做什么都要做一个对党对人民有益的人。"

在信的结尾处爸爸又写道："大阳，你是家里的长子，所以对你要求有些严，作为父亲，永远都是希望你能走在光明的正道上，为家里其他兄弟姐妹作出榜样。你辛苦了！"从小一直感觉爸爸对我很严厉，但我知道在"严厉"的背后，更多的是爸爸对我的爱与期待。那一刻，看着信中爸爸苍劲又工整的字迹，看着最后那句"你辛苦了"和后面重重的感叹号，我心里一阵感动……心里暗自地对自己说：不要辜负，不能辜负，不会辜负！

后来，我一直在部队工作了20多年。在这些年里，我多次受到单位嘉奖，三次荣立三等功，两次被评为优秀共产党员。无论在哪里，无论

1988年，授衔后我和爸爸的合影

在什么样的工作岗位，我都一心一意地做好自己的本职工作，努力成为优秀的业务尖子，做一个永远"对党对人民有益的人"。

小时候在我心中，爸爸是一个坚韧专注、严肃认真、高大伟岸的爸爸。随着岁月迁徙，爸爸似乎慢慢变得不那么高大了，和我的交流也更加多了起来。在他生命最后日子的那段时间，爸爸一直在医院住院，他已经变得十分羸弱。那时妈妈和我们几个孩子分时段在医院陪床。有一段时间为了提升爸爸的兴趣和注意力，我还给爸爸讲起了故事。

爸爸喜欢书，看的书也很多，但他从未看过金庸的小说。我给他讲《神雕侠侣》，捡着那些有趣且又神奇的故事讲。

听着这些，爸爸显得很是专心，常常在我讲到关键的地方他都会睁大眼睛闭上嘴，讲到可笑处他都会心地微笑甚至鼓掌。这时的他就像是一个孩子，看得见他眼睛中的清澈，内心里直率而放松。

初心如磐

在我讲到为情所困而致杀人无数的妖女李莫愁最后毫无畏惧投身火海赴死，最后凄厉一声"问世间，情是何物，直教生死相许？"时，爸爸轻叹一声，"唉，坏人未必坏，好人未必好，情为何物？"他似乎是问我，又好像在自言自语。

爸爸一天要修改上万字的稿件

"爸爸觉得情为何物呢？"我问他。

"元好问的《雁丘词》，写得直戳心底！何为'情'，无非爱情、恋情、亲情、友情这些啊，我们也经历过，我们也年轻过。"爸爸沉吟一下，"还有更多的情呢！我们这代人因情而奉献自己的一生，这个情就是对党的情，对事业的情，多少人为这个情，'直教生死相许'啊！""挨过整，受过罪，也有不理解，不过什么都比不上曾经的出生入死，比不上心里对党的依恋，没有党，我们什么都不是！"

那一刻，我脑中忽地有一种升腾，爸爸的话再一次变成了对我的教诲。看着爸爸，躺在病床上的那个消瘦的老人，此时似乎变成了一个对自己信念无比坚定的战士，那身影也定格，永远高大伟岸……

爸爸的温暖

吕晓群

我在家中排行老三，从上幼儿园起，一直是住宿制。未满16岁就去了北大荒兵团，之后当兵、成家、独立生活。在父母身边的时间，相对其他兄弟姐妹少了许多，但父亲对我的成长教育，从不曾有丝毫的减

1977年，我和爸爸穿着同样的绿军装

少。上小学的时候，因为住校，我只有周末回家。妈妈因工作，休息时间和我们不同，周日还要上班。爸爸就担负起了应该给孩子的所有陪伴。周末帮我们整理个人卫生，剪指甲、换衣服、检查功课、作业签字。还抽出时间带着我们兄弟姐妹看电影、学游泳，去公园接近大自然。在每周一天的家庭团聚中，爸爸尤其抓紧对我学习的指点。

记得小学五年级时，老师留了周末作文《难忘的时刻》。我想写爸爸带我到人民大会堂参加春节联欢，见到毛主席的情景作文，可拿起笔来又不知道从哪下笔了。我咬着笔头坐在椅子上扭来扭去，爸爸看见了笑着问我遇到什么困难了，我向爸爸诉说了我的"难题"。爸爸思忖了片刻，一边帮我削着铅笔，一边用我一个十来岁孩子能够理解的话对我说："你不是会唱东方红吗？歌词很简单，'他为人民谋幸福，他是人民大救星'，你说是不是唱出了全国人民对毛主席的深厚感情？每个人都有一个美好的心愿就是见到毛主席，你把自己对毛主席的热爱，把盼望见到毛主席的心情写出来，把在大会堂里观众见到毛主席时的欢呼情景写出来，就是一篇不错的记叙文了。"爸爸这么一说，我好像茅塞顿开，拿起笔一口气写了起来，竟然写了1200字。爸爸仔细听我从头到尾念了一遍，微笑地点了点头。这篇作文在小学里成了全校展览的优秀作文。

1975年是我当兵的第三年，我进入石家庄军医学校医训班学习，当时只有初中文化程度的我面对一堂堂医学专业课，啃着一本本砖头似的《内科学》《外科学》，海量的内容要死记硬背，额外还要补习基础文化知识，每天都学习到很晚，在给家里写信的时候流露出了一些畏难情绪。一个午后，我收到家里寄来的包裹，原以为是妹妹寄来的食品，不料打开一看，竟是是爸爸寄来的！一个崭新的医用听诊器和一本厚厚的精装本《内科疾病鉴别诊断学》，扉页里夹着一张薄薄的便签，爸爸那隽永清秀的小楷跃然纸上："书颇厚，但作者写都能写出来，我们读者一定能更好地读完它。"我的眼睛湿润了，在信里不经意的几句叫苦话爸爸看到了，他没有用大道理教训我，却用略带诙谐的语气开导我，鼓励我，我仿佛看到爸爸顶着夏日骄阳到书店、到医疗用品商店为我买来听诊器和辅导书，让我深深感受到了爸爸对我的关爱。在后来学习的几年里，我更加努力勤奋，门门功课都是优秀，并以全优的成绩毕业。爸

1979年，我和爸爸、妈妈、弟弟在肇庆过春节

1985年，爸爸妈妈在杭州疗养院

爸就是这样用他谦逊可亲、循循善诱、潜移默化、见微知著的品质教导了我。我下定决心，要做一个像爸爸那样的人，只要工作需要，我就会尽好一个医生的职责。在我几十年的工作、生活中，无论风雨，无论艰辛，我始终是这样做的。现在我也虽年过花甲，但还在发挥余热，坚持上班出诊。每当我的患者病愈出院的时候，我内心感到快乐。

转眼我亲爱的爸爸离开我们已经30年了，我的心底永远记着爸爸给我的阳光、温暖和爱，我受益一生。

爸爸的关爱

吕晓清

我是家里的小女儿，从小爸爸妈妈、哥哥姐姐对我多有疼爱与谦让。我也经常倚小卖小的以一句"我小啊"为自己的调皮、犯错找借口。直至今天，在和家人回忆儿时的种种时，哥哥姐姐还会提起这句口头禅揶揄我呢！

20世纪70年代初，还在"文化大革命"时期，爸爸解除隔离审查不久，不能恢复原职，还在"边检查问题"边工作。妈妈又去了河南"五七"干校劳动改造。大姐大哥在延安插队，二姐在北大荒兵团。我是个初中一年级的学生，一家分居四地，书信往来是我们家唯一的交流工具。记得那会儿到收发室的信箱里翻找有没有我们家的来信，是我每天必做的事。看到有妈妈和哥哥姐姐的信时，我会特别高兴，蹦蹦跳跳地把信捧回家放到爸爸的书桌上。我是不能先打开的，要等爸爸看完才能看，有时候不能给我看的，也是爸爸给我讲讲大致的内容。爸爸每周都会给妈妈和哥哥姐姐写信，这时我就成了通信员。把爸爸写好的信分别装进信封，贴上邮票，

1970年夏，爸爸五十寿辰，我参加"三夏"劳动后和爸爸合影

送到邮局，一封封的给他们寄走。我还是采购员，按照妈妈、哥哥姐姐的需求采买一些生活必需品和食品，打成包给他们寄去。那时我还跟爸爸说，你总给他们写信，什么时候也给我写一封啊！爸爸微笑着说，你不是一直在我的身边吗，有什么事跟你直接说就行了，哪用写信啊。

1970年的夏天，我随学校到北京顺义张喜庄公社参加"三夏"劳动，帮助农民收割小麦，这算是我第一次离开家呢！在那个炎热的季节里，我体会了"'收'禾日当午，汗滴禾下土"的辛劳，初尝了"谁知盘中餐，粒粒皆辛苦"的滋味。一个收工后的中午，我和同学们躲在树荫下吃午饭，带队的冉老师突然叫着我的名字向我走过来，手里还拿着一个薄薄的纸封对我说，有你一封信！我吃惊不小，谁会给我写信啊？还寄到了我劳动的村子里？拿到手里，看到了熟悉的字迹，是爸爸！在我出发前，爸爸曾似无意地问过我劳动的地方，没想到他竟然把信寄到了这里！我迫不及待地打开信，爸爸第一句话就说："你以前说爸爸从

1988年底，我和爸爸在厦门鼓山

来没有给你写过信，这次爸爸就满足你的心愿，给你写一封。"他在信里鼓励我积极参加劳动，努力向劳动人民学习，认真接受贫下中农的教育。让我的眼泪夺眶而出的是他写道：看着孩子们一天天地长大，给你的三个哥哥姐姐准备行装，送他们走向自己的人生道路，有欣慰，有感慨，如今又亲手给自己的小女儿打起背包，送你离开家，尽管是短暂的几天，却真实地感到自己在一天天变老……从前我一直把你当作一个小姑娘，眼看着你在长大，终有一天你也要独自面对自己的人生，要像哥哥姐姐们一样，勇敢地接受生活的考验，要做生活的强者！爸爸的信不长，只有短短的两页，我却翻来覆去地看了好几遍，还认真地把它包好放在枕头下面，每天晚上都拿出来看一看，爸爸的信给了我极大地鼓舞，那次下乡劳动我的表现很突出，受到学校的表扬。之后在中学的几年里，我始终是德智体美全面发展的优秀生。

与哥哥姐姐们相比，我和爸爸妈妈共同生活的时间最久，他们年少

初心如磐

2009年，我们兄弟姐妹和妈妈在奥林匹克公园

即离家，或插队或到兵团，后来又当兵，都在远离北京的外地，直到多年后才辗转回京。反之我一直在家，无论是上中学上大学，乃至工作都在家门口，和爸爸妈妈朝夕相处。

时光荏苒，爸爸老了，生病了，住进了医院。我和妈妈、哥哥姐姐们轮流到医院陪护，我依然充当着爸爸的开心果。爸爸一辈子在报社工作，最放不下的是他的《解放军报》，我每次陪伴他的时候都要给他念报，他因为脑梗，说话有点障碍，我就纠正他的发音，他总是认真地一遍遍地练习，直到念清念准。为了加强他的手部灵活，我就和他一起叠纸鹤，我对他说，咱们叠满1000只，你就可以健康出院了。他就像是真的相信一样，一下一下地努力地和我一起叠着。爸爸战胜疾病的努力和我们的坚持没有白费，爸爸第一次住院后曾经短暂康复，我还说有我们叠纸鹤的功劳呢！然而病魔没有放过他，爸爸的病又复发住院了，而且越来越重，渐渐地不能起床，不能讲话，后来连饭也不能正常吃了。我

1987年，爸爸的笑容（北京京西宾馆）

们陪护的时候，他只是静静地躺在病床上，默默地听我们说，没有回应，没有交流，看着一天天病重衰老的爸爸，我们心痛如绞，却也无能为力。在爸爸病逝的前两天，我被单位党组织批准入党了，正好又是我值班的日子，我带着我填好的《入党志愿书》来到了爸爸的病床边，举着让他看，还强颜欢笑地对他说：爸爸，我被批准入党了！你看，这是我的入党志愿书！您高兴吗？蓦地，我看见爸爸的眼睛亮了！似乎还露出了些许笑容！他听到了，他听懂了我的话！我的眼泪扑簌而下，他看到心爱的小女儿成为一名共产党员，成为与他有着共同奋斗目标的同志，他欣慰了。两天后爸爸溘然长逝，永远地离开了我们，我坚信爸爸知道我也是共产党员了，他那浅浅的笑容是对我的认同，更渗透了对我的期望与鼓励。

爸爸在我14岁时给我写的那封信，也是他给我的唯一的一封信，我一直把它珍藏在身边，爸爸临终前对我那满含着关爱与期许的微笑，也将永远刻在我的心底！

在老战友们眼里，爸爸是一个坚定、忠诚的共产党员，为党和人民的事业英勇奋斗了一生；在老同事们的眼里，爸爸是一个敬业、勤奋的新闻工作者，为军队新闻事业的发展笔耕不辍的老黄牛；而在我们儿女的眼里，爸爸是一个善良、慈爱的好父亲，是我们全家生活与工作的楷模。

父爱情深，父爱如山！亲爱的爸爸，我们永远和您在一起！

简　历

傅铎（1917—2005）

　　著名剧作家。直隶河北博野人。

　　1938年参加新世纪剧社，次年加入中国共产党。1940年毕业于华北联合大学戏剧系。1942年参加八路军。曾任冀中军区火线剧社副社长、社长。新中国成立后，历任总政治部文化部创作员，总政治部文工团副团长、话剧团团长，总政治部文化部文化处处长，八一电影制片厂政委，中国文联第四届委员，中
国剧协第三、四届理事。作品有《傅铎剧作选》等。话剧《冲破黎明前的黑暗》于1956年获全国话剧会演剧本二等奖。

　　2005年8月24日，在北京逝世，享年88岁。

普通一兵剧作家

◎傅占武

    我的父亲傅铎，剧作家，曾在总政话剧团担任了30年团长，离休前是八一电影制片厂政委，也算是高级军官了。可是，在我们兄妹几个的眼里，他真没有军官样。小时候，看到别的军官叔叔们正儿八经，威风凛凛的，可是我父亲呢？虽然也穿着军装，挂着许多星星杠杠，却总透着诙谐、幽默、随和、忠厚。一同工作的同志称他"老傅头"；院里孩子们总围着他听他讲笑话。在家里他从不摆家长尊严，与我们平等相处。我和姐姐曾开玩笑地说，傅铎同志，你怎么不像个军官呢？

    父亲对我们说他"不像军官"并不反感。他说，搞文艺工作靠的是以理服人，以情感人，总拿个架子，靠行政压人，可就啥也做不成了。正是因为他没架子，善于接近群众、深入基层，捕捉生活中的真情实感，使他的戏剧创作朴素隽永，乡土气息浓厚，富有幽默感。受到上至中央领导下至平民百姓的喜爱。当然他也有紧张不知所措的时候，他曾多次与我谈起第一次见周总理的时刻。

    父亲抗战初期参加革命从事文艺工作并搞戏剧创作，写过不少有名的剧本。1950年，他以抗日战争时期冀中军民粉碎日本侵略军"五一大扫荡"的斗争生活为背景，创作了话剧《冲破

初心如磐

20世纪90年代，父母与我们四个孩子（右一为作者）

黎明前的黑暗》。这是父亲的代表作之一。八一电影制片厂将它拍成电影并誉为该厂第一部黑白故事片。1953年，父亲任总政话剧团团长时，话剧团又复排了这出话剧。

1953年3月的一天，父亲接到通知，说周总理和彭老总要来观看《冲破黎明前的黑暗》。虽然这出话剧已经演过很多场，演员已有了轻车熟路的感觉，但一听说周总理和彭老总来看演出，全团的同志，当然包括我父亲，都还是紧张了一番，互相提醒着，演出一定不能出差错。

1954年，《冲破黎明前的黑暗》演出说明书

剧场休息时，周总理提出想和剧作者见见面。工作人员找到我父

亲，拉他去贵宾休息室见总理。父亲当时的感觉，简直就是不知所措：总理百忙之中来看演出让我们已经很荣幸，首长还要接见剧作者本人，这可如何是好，是不是他看出什么问题了？此前，父亲从没有与总理有过近距离的接触，这回，该对首长说啥呢？

父亲匆匆整装，快步走进休息室，刚一进门，还没来得及敬礼，就见总理拍着沙发，让父亲坐在他身边，好像和父亲很熟悉。左边是彭老总，右边是总理，父亲拘束地坐在当中，不知是高兴、是激动、还是紧张。刚才在后台还和演员们有说有笑的父亲，这时手脚都不知该如何摆放了。

总理和蔼地问父亲："傅铎同志，你是哪里人呀？"父亲的原籍是河北蠡县，抗战后期划归博野县。他当时一慌，竟支支吾吾地说："可能，可能是蠡县吧。"总理说，别紧张嘛，一紧张就连自己老家在哪也不知道了。大家一阵笑，父亲的紧张情绪才稍稍平缓了些。

总理对父亲说："这个戏很好，很感动人，军队离开人民就失去力量，人民离开军队就失去靠山，军民亲密团结，就是打不破的铜墙铁壁，感谢你为人民写了一个很有教育意义的好戏。"听着总理的谈话，父亲还是紧张，连连称是，竟连句谦虚的话也没说出来。

1945年，父亲在敌人炮楼前

总理又问："你还写过什么剧本？"父亲说："写过歌剧《王秀鸾》，话剧《逃出阎王殿》等。"周总理风趣地接着说："《王秀鸾》，那可是解放区的名剧呀！"

话题刚扯开，剧场铃声响了。周总理、彭老总起身与我父亲握手道

1952年，父亲任第二届赴朝慰问团文工团副团长带队到罗盛教生前部队慰问（前排左三小朋友为崔莹，左二为崔莹的扮演者陈良环）

别，又去看戏。等周总理和彭老总离开休息室，父亲才慢慢从紧张的情绪中恢复过来。父亲和周总理、彭老总见面也就是十分钟的时间吧，可就在这短短的十分钟里，父亲居然出了一身大汗，衬衣全都湿透了。

20世纪60年代初，由父亲执笔，总政话剧团集体创作了多幕话剧《幸福桥》，讲了一个街道居民组织起来兴办家属工厂的故事。这出戏公演后，社会反响很好，场场满座。于是父亲他们便给总理办公室打电话，邀请周总理有空暇时来审查演出，总理马上就答应了。

演出那天晚上，偏巧总理有一个外事活动。开演前，总理办公室的电话打到剧场说：总理嘱托戏按时开演，不要因等他而推迟，外事活动结束后即来剧场看戏。第一场结束的时候，周总理赶到了。他悄悄地走进剧场，没有打扰任何人。全剧演完观众退场后，又专为周总理和邓大姐重演了第一场。

演出结束，周总理上台接见演员。合影留念前，周总理说："《幸福桥》写的是妇女兴办家属工厂的戏，妇女大有作为，今天照相，女同志都在前面坐着，男同志都在后面站着。"遵照周总理的指示，邓大姐和全体女演员在前排就座，周总理、齐燕铭等领导同志、父亲及全体男演员站立在后面。

父亲给我讲这段故事时，我曾问父亲："这回见总理，你紧张吗？"父亲说，"好多了，自总理看《冲》剧后，又多次看过总政话剧团的演出。我们几乎快成熟人了。"

1962年的一天，周总理到人民剧场看我父亲创作的话剧《首战平型关》。离开演还有一段时间呢。突然有人通报，说总理和邓大姐到了。父亲一听，心想，这可坏了，是谁把演出时间通知错了？父亲心里一下子紧张起来。见到总理后就向总理表示歉意，没想到在一旁的邓大姐却说："道什么歉呀，总理忙得要命，没时间休息，今天来早了，正好在这休息休息。"可是总理却没有要休息的意思，一走进休息室，就与父亲等

20世纪60年代，全家合影（中间小男孩为本文作者）

团里的领导、演员聊了起来。先问剧本是谁写的？戏是谁导的？父亲向总理一一做了介绍。邓大姐望着父亲说："挺面熟的。"总理说"我们已经看过他写的好几个戏了嘛。"总理接着又说："平型关是八路军挺进敌后打的第一个大胜仗。这一仗打出了八路军的威名，首战平型关，威名天下扬……"

这次和周总理见面，摄影记者拍下了周总理和父亲及团里其他领导一起交谈的镜头。父亲抄着手，指间夹着香烟，样子看上去很是放松从容。不过，即便是这张有珍贵纪念意义的照片，有时也成了我和父亲开玩笑的依据：傅铎同志，你看，穿上军装也没个军官的样子……说到这，父亲笑而不言，一脸的幸福……

正因为父亲不像军官，特别是到基层参加活动就更显得游刃有余，这为他的生活素材积累，提供了丰富的保证。这一点不假。我在连队当兵时，就遇上过一回。

1975年，我在天津66军坦克团当战士。4月，父亲到天津去观摩某剧团的演出后，他顺便到部队去看我。主办单位要派车送他去，父亲说，我去看儿子，是私事，还是自己去放松些。他也没和我打招呼，便自行前来了。

那天上午，我所在的连队正在组织政治学习。在宿舍里，我们看见一个战士赶着一辆马车从我们窗前驶过，隐约中还看见车上有一位老军人手扶着车帮，半蹲在车上。看到这风景，班上战友们便玩笑说，哈，看呀，咱坦克团有马车来访了。远远地，我们看见马车直接停在团部办公楼的大门前。不一会儿，团值班员陪着一位老军人进了我们班的宿舍。这时我才明白，原来半蹲在马车上的那个老兵是我父亲。一问原委才知道，父亲到东局子后，一看，哎呀这么大的营区，阳春四月，天气已经转暖，五十八九的人了，走了一段之后，感觉又热又累，正好有一辆马车路过，便向赶马车的战士打听坦克团的位置。赶马车的小战士很敏感，看这个穿着军装的老头"军姿不严"，便机智地说，老同志，您上车吧，我送您过去。父亲则凭他作家观察生活的本能，感觉到小战士对他有所防备，索性答应了小战士的要求。

父亲半蹲在马车上，和小战士唠起了家常。他对小战士"招供"说：我到天津出差，顺便也干点私事——去坦克团看儿子，本想问问路，却让你"活捉"了。小战士听了父亲玩笑式的叙述，不好意思地笑着说："我是某团的驭手，到师部出公差回营房，看到您穿着一身颜色、质料都不同于我们的军装（父亲穿的军装，当时只在少部分军人中试穿过），又没有乘坐小车，走路慢慢腾腾，没有"首长"派头，还直打听军直属坦克团的所在地，我还真以为您是……想着自己快要"立功"了呢！"

"首长"莅临，我们全班起立向父亲敬礼。父亲则忙着摆手，招呼大家快坐下，自己也很随意地坐在了我的床边。他对班长说："大家都挺忙，我就不打扰你们学习了，看到孩子没缺胳膊少腿的就行了。"一句话逗得全班都笑了起来。班长说，现在正是课间休息，请首长做指示。父亲说，指示不敢当，聊天可以。于是便和我们聊了起来，父亲挨个询问全班每个人的家乡在哪里，并时不时地学着战士们家乡方言，用安徽、四川、山西、山东、河北口音和他们拉家常，看到有的战士自己卷"炮

1972年底，父母送我参军留影

筒"，便从军装口袋里掏出卷烟散给大家抽。这时，我们班一位战士下岗回来，进门刚说了一句话，父亲就听出他是河北乐亭地区的人，于是就学着冀东地区的乡音开玩笑说，乐亭人——俗称老志，又逗得全班大笑了起来。我们班宿舍里笑声传到了别的班，许多战友也聚过来，和这位坐马车来的"首长"聊天，大伙向父亲介绍了连队里军事训练、政治学习、伙食标准、娱乐活动等许多"新情况"。有的战友听说这位"老头"是我父亲，就对我说，你父亲，够哏的（天津话，幽默的意思）。

到吃午饭的时间了。连长、指导员指示炊事班专门做小灶招待父亲，父亲忙说：我到部队来看儿子，就是来队家属，在连队食堂吃大锅饭就行，专门为我开小灶，可是拿我当外人了。连长、指导员刚要解释，父亲又说，听说坦克兵的装甲灶挺不错的，我还没吃过呢。连首长对父亲这既幽默又有道理的说法无奈，便陪父亲一同进饭堂与全连同志吃了一顿装甲灶。

父亲完成了看孩子的私事，准备离开时，我的一位战友听说后，立

解放战争时期的父母

即找到了团首长要派车送我父亲离开营区。说话间，团首长无意中问了一句：小傅的父亲行政多少级呀？战友说：反正比咱们军长、政委的级别高。团首长感叹地道：这样的老同志，居然坐马车来，真是个普通一兵！

父亲从河北农村一个贫苦农民家庭走出来，几十年的革命经历，共创作了40多部剧作，出版了戏剧集和自传体回忆录，中国当代文学研究丛书编委会还出版了他的研究专集，担任着军队领导职务，称之为著名剧作家、高级干部一点也不为过，但他却没有一点名人、高干的架子，始终保持着普通一兵的本色和劳动人民的纯朴情怀。他对事业孜孜不倦，对工作精益求精，对同志平易和善，对生活艰苦朴素，对子女严格要求。虽然他永远离开我们了，但他的好品质、好风尚，他的音容笑貌将在我们心中永存。

简　历

刘峰（1923—1979）

　　原名刘彩峰，笔名流风、晓流。

　　1923年12月出生于河北省新城县大屯村。1939年6月参加八路军。1939年11月开始学习并从事摄影工作。抗日战争、解放战争时期，先后在多个部队担任过摄影组长、摄影股长、晋察冀画报社记者。新中国成立后参与《解放军画报》的创建工作，其后一直在《解放军画报》担任摄影记者、记者组组长、编辑组长。1956年中国摄影学会成立后被推选为第一、二届理事。1979年在北京去世，终年56岁。

　　由于生前对我国、我军摄影事业的突出贡献，1979年去世后，被中国人民解放军总政治部授予革命烈士荣誉称号。

大象无形 大音希声

◎刘丁丁 刘玲玲

抗日战时期父亲在晋察冀第一军分区

2015年，我们姐妹四人在纪念抗日战争胜利七十周年之际，历经艰辛，梳理编辑了父亲在抗战烽火中拍摄留存下的珍贵图片，出版了《刘峰抗日战争摄影作品集》。这个过程，对于我们既有心灵的震撼与洗礼，又有情感上的敬重与亲近。父亲一生以相机为战斗武器，对军旅记者职业鞠躬尽瘁，那份恪守不渝的信念，生成一股深深的情感。当"情感"之于一位父亲的胸怀之中，那一定是大象无形，大音希声的父爱，一种超出儿女情长的爱。在父亲离去近40多年之际，它让我们重新打开尘封在记忆中的往事，那远去的一幕幕渐次浮现在脑海中，缅怀之情，和泪涌出……

四姐妹中老大出生在1950年，老四出生在1963年，父亲1979年2月去世时，姐妹们与父亲相处的时间长则不到30年，短则仅有16年。而且，加上父亲经常下部队采访，我们又分别下乡、当兵、进工厂，姐妹们与父亲真正接触的时间又打了折扣。但就在这短短的时间里，父亲点点滴滴的言谈话语，浓浓暖暖的关爱举止，兢兢业业的工作状态，却像烙印一样，给我们留下不可磨灭的印迹。

见微知著浓缩出的父爱

父亲平素少言寡语，是个偏于内向的人，加上他常年穿着一身军装，几个姐妹对他多有敬重，少有撒娇。父亲每年有一半时间在部队采访，对子女生活上的照料自然全靠母亲了。或许正是由于父亲对子女直接的体贴入微少了许多，也才会对他"特殊"的关爱记忆犹新。

20世纪50年代，父母和三个女儿

记得1958年北京市黄城根小学特招6岁儿童入学实验班，玲玲有幸录取。距离开学还有不到1个月的时间，有"左撇子"习惯的她还在用左手写写画画，父亲看在眼里，急在心上，正巧这段时间他没有下部队，于是每天只要有时间，就要为玲玲"扳毛病"。用惯了左手写画要改变成右手，对于小孩子并不是件容易的事。父亲看到语言提示没有效果，就手把手地教。他用自己的右手按住玲玲握笔的右手，不厌其烦地练习。一次，玲玲烦躁地想挣脱，父亲一用力，"咔嚓"一声，桌上的玻璃板被压出一道长长的裂痕。玲玲吓哭了，父亲温和地说："别怕，你上学必须学会用右手写字。"在父亲近1个月的帮助下，终于改变了玲玲左手写字的习惯。上学后，老师经常表扬她作业写得干净整齐，父亲的"功劳"就这样牢牢印记在了她的脑海中。

父亲不喜欢对子女娇生惯养，常跟母亲说，要从小培养孩子们的生活自理能力。丁丁、玲玲同在一所小学上学，从家里到学校要走15分钟，父母从不接送，每天都是姐妹做伴同行。一次，上二年级的丁丁和上一年级的玲玲放学时，天上下起了鹅毛大雪，大地像铺上了厚厚的棉絮。玲玲在学校做值日，丁丁先跑回家，推开家门看到刚刚出差回来的父亲，激动地跑上前拉着父亲的手说："爸爸，爸爸，外面雪好大呀！放学回家我滑了两个大跟斗！"父亲一边帮丁丁拍打身上的雪花，一边问：玲玲怎么还没回来？当得知她还在学校做值日，父亲戴上帽子起身出了家门。玲玲走出校门时，看到校门口站着一位满身雪花的军人，先是一愣，接着嘴里喊着"爸爸！"便喜出望外地跑了过去，激动地问："爸爸，您不是出差去了吗？""哦，刚到家。

20世纪50年代，父母在北海公园留影

今天雪真大……"说着，父亲用他温暖的大手牵着玲玲的小手，踩着厚厚的雪，向家走去。

在我们几个姐妹的记忆中，这是父亲第一次，也是唯一一次去学校接孩子。一份寒冷中的温暖，留下的是难以忘怀的、有温度的爱。

父亲是很心细的人，尽管家里4个孩子平时多是"放养"，但孩子们一有情况发生，他都急在心里。老四晓丰提到她手指的一道伤疤，总会回忆起她上初中一年级时发生的一次"意外"。那天，她放学回家，

姊妹俩戴大红花（1955年）

父母还没有下班，看到桌上放着的苹果，她便找了一把刀削皮，不曾干过这事儿的她，鲁莽之中出了事，左手中指被深深割了一刀。家中没有其他人，晓丰流着眼泪往院里医务室跑去。

父亲下班在楼门口发现地上的斑斑血迹，顺着楼梯看到血迹终止在自家门口，他急忙打开门，桌上一只削了一半的苹果，一把水果刀，地上未干的血迹……他判断是孩子受伤了，急忙跑向医务室，看到大夫正在为晓丰包扎伤口，立即询问了伤情。晓丰看到父亲赶来，非常吃惊，事后才知道是父亲看到血迹后的判断。回到家中，父亲对惊魂未定的晓丰安慰了几句，便从削水果应当如何持刀，遇有创伤应当如何止血等问题，进行了应知应会的细心教育。末了，他用十分严肃的口吻说："今后大人不在家，不要做有危险的事情！"

都说军人是侠骨柔肠，我们真真切切地感知到了。父亲内心的点滴慈爱，在我们幼小的心灵里撑起的是一片辽远的蓝天，让我们的童年无比安宁美好。

打开我们的家庭相册，一张姐妹俩戴着大红花的照片非常显眼。这是60多年前的彩照，颜色已经泛黄了。每每看到这张半个多世纪前的照片，总会牵动起姊妹们的一段回忆。那时丁丁5岁，玲玲3岁，用现代人的眼光看，姐俩扮相不免有些土气。就是这样一张照片，从它"诞生"后曾在家里的镜框中摆放了10多年。

　　在玲玲10岁那年，有一天，她从书架上拿起这张镶在镜框里的照片，与姐姐商量用一张近照替换掉它。丁丁指着照片上的大红花小声对玲玲说："爸爸说过，大红花是神枪手戴过的，很珍贵的。"玲玲走到父亲身边稚气地问了一句："神枪手是枪打得很准吗？"父亲笑着回答："当然啦！枪枪中靶心，小鬼子来了有去无回！"并讲了这张照片的来历。

　　原来，20世纪50年代初父亲下基层部队采访，一次实弹射击结束后，父亲拍摄下了神枪手们胸前佩戴大红花神气的样子，喜悦的战士们摘下大红花送给了父亲。父亲回家后，在院子里把大红花佩戴在丁丁、玲玲胸前，拍下了这张照片，并一直摆放在家中。父亲语重心长地说："希望你们刻苦学习，也能戴上大红花。"

1962年，父亲下部队采访，住在帐篷里

　　也许拍摄照片的时候我们都还小，不太清楚父亲的用心，而在听父亲讲述了那段经过后，我们在心里都悄悄埋下了积极向上的种子。从那以后，谁都不再提换掉镜框里的照片这件事了。一年后，丁丁考取了名牌中学北京师大女附中，玲玲20岁出头就在工厂里入了党。20世纪70年代初，父亲工作的单位搬迁，一家人也离开了久居的老房，那张老照片从此被珍藏到家庭相册中。然而，一段记忆没有就此尘封，慈父潜移默化的教育，令我们终身受益。

忘我无畏镌刻出大写热爱

　　我们与父亲在一起生活的20多年，正值新中国从建立、发展到逐步走向强大的时期。从战争年代走过来的父亲，不改初衷，仍然用手中的相机记录着人民军队的成长历程。在解放军画报社工作期间，他走遍祖国的边疆海防，深入基层，与部队官兵同甘共苦。在他的镜头里记录

1970年，父亲和战士们风餐露宿

1953年，父亲拍摄的国庆阅兵画面

1953年，父亲拍摄的梅兰芳在朝鲜为志愿军演出画面

过领袖的伟岸，元帅、将军的风范，普通士兵的勃勃英姿；记录过那些劈风斩浪的海军战舰、翱翔蓝天的空军雄鹰、洪流滚滚的陆军坦克……还有那些摸爬滚打、练就实战硬功的铁血军人，父亲把中国军队成长壮大历程中的许许多多瞬间定格为不朽的画卷。

他8次采访壮国威、振军威的国庆阅兵；参加了贺龙、康克清为团长的第三次赴朝慰问团；参与策划纪念红军长征胜利40周年重走长征路及大型专题报道；记录了毛泽东、刘少奇、周恩来等党和国家领导人1964年观摩全军大比武表演的神

1974年，父亲拍摄的拉练娄山关（入选1974年全国摄影艺术展）

采风貌……这些经历流淌着忘我无畏的精神，凝聚着对国家、军队、职业深沉的爱。

1964年春天，一次父亲下班后对母亲说："我要参加一次重要的采访，这次出差时间会比较长，明天出发。哦，不能写信，不用惦记。"母亲忙问："去哪儿？什么任务？"父亲只回答了两个字："保密。"他让母亲帮助整理一下出差所需的衣物，强调了要备上御寒的衣服，第二天匆匆走了。母亲后来向父亲同事打听他的去处，还真没有人知道。直到10

我国第一颗原子弹爆炸成功（解均 摄）

月16日电波中传来"中国第一颗原子弹爆炸成功"这个让中国人民无比振奋的消息时，母亲若有所悟地对我们说："你父亲这次出差一定是去原子弹发射基地啦。"我们姐妹完全相信母亲的判断，并由衷为父亲感到骄傲。知道他快要回来了，一家人真希望能从父亲那里知道更多的原子弹爆炸成功的经过。

喜讯发布后几天，父亲回来了。他身体显出几分疲惫，脸庞也有些消瘦，但精神格外焕发。母亲见到父亲的第一句话就是："拍摄原子弹试验去了吧？"父亲乐呵呵地说："是啊！祖国强大了！"那天傍晚，母亲带着我们给父亲包了他最喜欢吃的饺子，为他接风洗尘。之前，姐妹几个商量，要把前两天一起攒的一首词《定风波·祝贺我国第一颗原子弹爆炸成功》读给父亲听，也算是对他的慰劳。晚饭时间，父亲吃着热腾腾的饺子，很是高兴。玲玲见机对父亲说："爸爸，您辛苦啦！让丁丁念一首我们写的词给您听。""好！好！"父亲回答道。于是丁丁起身朗读了这首虽然写得粗糙，但一直保留至今的《定风波》：

华夏江岳尽沸腾，蘑菇云朵入苍穹。自力更生兴伟业，轻蔑，美苏讹诈化成空。

纵情欢歌和泪涌，齐颂，人间康睦永大同。强我中华圆梦志，将士，执戟铁血为和平。

玲玲急切地想得到父亲的称赞，忙问："爸，怎么样？"父亲笑笑说："我不会咬文嚼字，'为和平'三个字好！"他接着又说："中国发展原子弹事业，是为了最终消灭原子弹。"说完，父亲岔开了话题。一家人原想听父亲讲述他这半年在发射基地的所见所闻，显然他不会透露丝毫。

关于父亲当年的这段采访经历，我们还是在他去世后，在他人的回忆中见到简短的表述，包括拍摄的大量图片，当年都作为保密资料统一交到国防科工委封存，解放军画报社资料室仅存了原子弹爆炸蘑菇云的那张图片，署名"解均"（大概沾点儿"解放军"的谐音）这张照片父亲个人也收藏了。

后来，我们访问了当时参加过现场拍摄任务的周屹（他当时在工程兵总部任宣传干事，在原子弹实验基地认识了父亲，后来调到解放军画报社工作），才得知了当年父亲执行这项任务的一些细节。原子弹试验在我国西北沙漠无人区，他们住在条件极其艰苦的帐篷里，每天身穿白色防护服、长筒防护靴，头戴防毒面具，进行跑步等体能训练。周屹说："当时这样的训练对于我们30上下的年轻人都感到吃不消，何况你们父亲已是40多岁了。"为确保拍摄任务万无一失，训练之余，父亲在现场设计了多种拍摄方案。他们研究了发射位置与拍摄照片的光线走向，选择了处在侧逆光的地点作为最佳机位点。原子弹发射当天，这个拍摄点处在逆风位置，众所周知，原子弹爆炸瞬间产生的核辐射及化学污染对身体的伤害是严重，当时的防护措施并非绝对完善，为了拍好原子弹爆炸后形成蘑菇云的照片，他们没有丝毫的个人杂念。后来见到父亲个人对原子弹拍摄的记载文字，是在他的一篇题为"战地摄影点滴"的文章中，其中有一段的标题为"在反对以原子弹为武器的侵略战争情况下的

1964年，父亲在基层部队采访

摄影常识"，在这几百字的段落中，父亲根据他的实践经验提出了三点注意事项，这对战地摄影记者有着非常重要的启示作用。

岁月如梭，我们一天天长大，从小时候对父亲来去匆匆外出采访的不经意，渐渐地对父亲每次出差产生了牵挂与担忧。玲玲回忆20世纪70年代初，父亲一次采访回来，他打开自己用的箱子，从最上面拿出一套崭新的军装，递到玲玲手里说："这套军装奖励给你吧，你总是帮我洗军装。"玲玲难以掩饰心中的惊喜，接过军装对着镜子比了比，大小长短都合适，心里非常高兴（那个时代人们都以穿军装为荣）。转念她好奇地问："爸爸，这套军装是哪儿来的？"父亲停顿了一会儿，又从箱子里拿出一条军裤和一个纸包，指着裤子左腿侧上方的一个洞说："瞧，裤子破了，补发了一套新的。"他接着补充说："我这次采访真是大难不死啊！"

玲玲立刻紧张起来，追问父亲到底发生了什么事情？父亲说，这次采访部队实弹演习，拍摄过程中，一块流弹碎片意外打中他左腿侧上方，当时鲜血直流，好在部队立即将他送往医院，医生清理伤口取出弹片，缝合了伤口后对父亲说："您的命好大啊，再偏一点儿，就会有生命危险。"父亲说着打开那个纸包，一块弹片呈现在玲玲眼前。看着弹片，看着被弹片穿透的军裤，想着父亲腿上的伤，玲玲不禁流下眼泪。父亲安慰着说："我是从战争年代过来的人，这点儿小伤算不上什么。"后来，玲玲始终珍藏着这套军装。在她心里一直认为，军装是物质的，而父亲那种忘我无畏则是留给自己的精神财富。

这件事后来被从部队探亲回家的兰兰知道了，执意要看父亲伤到哪了，父亲满不在乎地指着受伤的大腿说："你看，完全好了。"搞医务工作的兰兰看到伤口的位置吓了一跳，哭着对父亲说："您的伤口离股动脉太近啦！一旦伤到就会大出血，有生命危险的！"父亲没想到兰兰这么激动，笑着说："哭啥嘛，我是福大命大！"他见兰兰还在伤心，急忙转了话题，"来，看爸爸新学的变戏法儿！"说着，他用小魔术把戏把兰兰蒙得一愣一愣的，他也算过了女儿为他担心伤感这一"关"。

如果说上面的事情都是在事发之后我们才知道的，那么丁丁1972年的一次亲身经历，让她至今回想起来都是百感交集。那段时间，丁丁在河南新乡当兵，曾经在部队政治处做过新闻报道工作。有一次父亲要到驻守在新乡的空军某部直升机团采访。他告诉丁丁如果能请一天假，可以和他一起参加这次采访，也算是

父亲拍摄的《将军（杨成武）与士兵同餐》（入选1959年全军影展）

1953年10月，父亲拍摄的上甘岭英雄们给毛主席写决心书

现场教学。丁丁向领导告假成功后，当晚就住到了直升机团，兴奋地期待第二天和父亲一道采访。父亲关照她：这支部队的前身是有着革命传统的红军团，抗战时期是太行山区打鬼子的英雄部队，他们改为直升机团后，在太行山区复杂的地理环境中，从实战出发，苦练编队飞行，是一支过得硬的部队。他讲这次采访很重要，明天一早要先在直升机上拍摄，提醒在现场要注意安全。当时，丁丁对于父亲这番话记住的主要要点就是"上直升机"，大概这是她有生以来第一次，因而激动不已。

第二天一早，在停机坪上，直升机团的副团长（这次飞行任务的指挥者）向父亲介绍了飞行安排：6架直升机将沿着太行山飞编队，另外1架执行拍摄任务。

父亲拍摄的空军某飞行部队训练到太行山，为民兵作飞行表演

那是一个多云的清早，直升机团停机坪上的7架直升机已经待命出发。父亲走到飞行员面前亲切地和他们交谈着，据父亲说，这是为减轻他们的心理压力。很快，父亲与画报社的另外一位叫车夫的记者和丁丁登上了那架执行拍摄任务的直升机，机上还有几名战士。直升机起飞后，发动机和螺旋桨发出隆隆的噪声。丁丁通过悬窗直勾勾地看着窗外渐渐靠近的太行风光，突然，她听到父亲喊了一声："打开舱门！"扭脸看去，父亲腰上系着一条背包带，两个战士在他身旁紧紧拉着这条带子，随着"哗啦"一声响，舱门被一个战士拉开了，风一下子窜进机舱，那一刻舱内气氛骤然紧张。只见父亲端起相机站到了舱门口，那场面就像在电影里看到的空降兵准备跳伞的状态。丁丁的心一下提到了嗓子眼儿。"首长！不要探头，注意安全！"拉着舱门的战士高喊着。那两个拽着父亲腰上背包带的战士也开始用上了力气，他们把身体降得挺低，有点像拔河的样子。

从舱门打开的一刻，父亲没有离开那个位置。由于舱门不宽，随行记者车夫也只能坐在座位上（车夫曾是沈阳军区政治部摄影干事，调到解放军画报社任记者后，第一次采访空军）。他侧过身用手势与丁丁交流，他指了指父亲，然后竖起大拇指。

10多分钟过去了，机舱内传出驾驶员的声音："准备第二次编队飞行。""天呐，还要飞一遍。"丁丁担惊受怕地想。趁着直升机掉头重新组织编队的时候，父亲后撤了两步，冲着车夫"喊话"："能见度不够好！"说完，转过身去。看来他没有让车夫"试试手"的意思。进入第二次编队飞行，父亲回到舱门口，只听他喊着："再靠近一点，可以吗？""首长！不可以！很近啦！"飞行员回答道。这时父亲又将身体向外多探出了一些，拉舱门的战士喊着："当心！"同时伸出一只手臂挡到父亲胸前。两个拽背包带的战士，额头上已经渗出了汗水……直升机终于降落到太行山谷的河滩地上。从机舱下来后，丁丁腿有些发软，车夫问她："你脸色不好，是不是晕机？"丁丁心里明白，她是被刚才父亲在飞机上的状态吓的。

进入第二个演习课目：直升机在河滩地上空"悬停"，一条20米左右的软梯从舱门甩下来。惊魂未定的丁丁，想到还要学习现场拍摄，便问父亲："我该干什么？""跟着我！"这大概就是父亲提供的学习机会。悬停着的直升机舱口，开始有战士顺着软梯下降了。父亲朝那架直升机跑去。丁丁尾随着跑了几步，被螺旋桨搅动的气流把河滩地上的碎砂石卷起打得脸部发疼，便停下了脚步。她看到父亲已经离直升机很近了，打算跟上，这时，副团长朝她跑来，喊着："快让你父亲回来！太危险啦！他不听我们的！"丁丁情急之中顾不得许多，朝父亲跑去，隆隆的螺旋桨声，噼噼啪啪的沙石飞溅声，淹没了她喊叫父亲的声音。在离父亲大约20米左右时，他看到父亲不停地向后摆动着右手，丁丁判断这手势要么表达"不要管我"，要么是让她"快后撤"。第一次经历这阵势的丁丁看到父亲离旋梯也就10米，她已经不敢再向前了，往回跑的时候，突然想起还要拍照，她站住脚，远远地捕捉了两张直升机悬停过程中，战士攀爬软梯的画面。

当她一屁股坐到河滩地上时，听到两个飞行员在身后互相发泄着不满："你小子不要命啦？螺旋桨离我这么近，我再躲就要撞山了！""团长让飞出最漂亮的编队……"危险，危险，还是危险！丁丁耳闻目睹了这一切，实在是为父亲的安全担心呀！第三个演习课目是民兵配合战士抬担架，部队是不会让老百姓靠近有危险的地方，民兵们主要负责抬着担架在河滩上运输。丁丁脑袋绷紧的弦，稍事放松了，至于后面的事情已经无暇顾及，她内心的惊吓许久难以平静。

这次随父亲采访，完全颠覆了丁丁最初的喜悦和兴奋，取而代之的是很难平复的为父亲安全的担忧。几个月后，丁丁回京探家。父亲拿着一本《解放军画报》给她看。原来，父亲那次在直升机团的采访已经以

1972年，丁丁现场拍摄的照片

"展翅回太行"为题，作为专题报道刊登出来了。父亲指着其中一张照片对丁丁说："用了一张你拍的照片，你这个位置比我选的好。"丁丁知道这是父亲在鼓励自己，想起那次拍摄现场自己匆忙按快门的情景，她看到这张照片时没有非常激动，只是隐隐感觉好歹没有辜负父亲的良苦用心。安静了片刻，丁丁终于忍不住那些一直压在心里的话了："爸爸，那次拍摄您太不要命了吧？在颠簸的机舱口探出身子拍照片，在河滩上，团长让我喊您，您都不回来！太认真了，一定要这样吗？"父亲没有用批评的言语回答她，因为父亲听车夫说过，那天把丁丁脸都吓白了，而是语重心长地说："打起仗来是真枪实弹，想躲也躲不了的，战地记者早就不怕死了！"

忘我、无畏、勇敢，这对于一位军人应当说是天职。然而，在这份天职之中，凝聚着的是一个大写的"爱"，诠释这份爱，其实真的不容易。但是，正是这种无形大爱，让父爱在子女心中，又增添了沉甸甸的分量。

军人血脉流淌的深沉挚爱

父亲不到16岁参加八路军，他成长在晋察冀抗日根据地。这里是日寇疯狂烧杀抢掠的地方，也是狼牙山五壮士留下英名的地方。在《刘峰抗日战争摄影作品集》（长城出版社2015年版）中，收录了大量日寇涂炭百姓，军民奋起抗击日寇的真实、珍贵的图片。其中那张1943年拍摄的《救救孩子》（父亲时任晋察冀一分区摄影干事）以其独特的视角，揭示了日寇血洗狼牙山区时的场景，图片曾在当时的《晋察冀画报》刊登过。几十年过去了，这张照片记录着的日寇的残暴与罪行，让人每每看到都会引发内心的震撼。它也因此成为父亲的传世作品之一。

新中国成立后父亲继续从事他军旅摄影的老本行。在大城市里工作的父亲，仍然十分惦念狼牙山革命老区的乡亲们。1955年，他带着内心深厚的情结，又一次踏上那片土地，拍摄了《再访狼牙山》专题报道（刊登在1955年9月《解放军画报》总第54期上）。那次再访，了却了那些时常让他牵挂着的事情——乡亲、房东、孩子们，还有活下来的英雄，他们的生活渐渐富裕起来了。然而，那座当年被日寇摧毁的狼牙山三烈士塔，当时还是一片废墟。直到1959年，易县人民委员会为纪念五壮士的英雄业绩，传承他们

1943年，父亲拍摄的《救救孩子》

的革命精神，重修了纪念塔。聂荣臻同志题写了"狼牙山五勇士纪念塔"的塔名。

父亲由于工作繁忙，没有机会抽得时间再次到访。或许这是他的一个遗憾。时值1966年底，"文化大革命"兴起了大串联，一天，父亲十分郑重地对丁丁说：你该徒步去狼牙山看看，受革命传统教育的"串联"，对你更有意义。当时只有16岁的丁丁，面带难色，认为困难挺多，首先就是行走路线。父亲看出她的心思说：女孩子还是要找几个伴儿，不要走夜路。同时，他十分细致地为丁丁绘制了一张"行军"路线图，并注明停留住店的地点。

在丁丁确认班上的几位同学愿意一同前往时，父亲很高兴，他找出一张老照片，指着上面的大妈告诉丁丁，这是当年他的房东，让丁丁到狼牙山后设法找到那位大妈，带去他的问候。他关照的第二件事就是一

1943年，父亲拍摄的《战斗在狼牙山上》

定要登上棋盘坨顶峰，看看那座二代纪念塔，向牺牲了的烈士们送去一份缅怀。

半个世纪过去了，丁丁清楚记得，进入狼牙山区后，只要看到老乡，就会掏出父亲房东的照片，打听这位大妈。但答复她的要么是"不认识"，要么索性只是摇头。在狼牙山半山腰住的那晚，天色很黑，仅有的一户老乡家，破旧的房屋四面透风，屋里点燃着的一盏煤油灯，昏暗极了。丁丁又一次掏出那张照片，向老乡讲述了父亲的嘱托，然而，那对中年夫妇认真端详照片之后，仍然遗憾地摇摇头。

那晚，山里很冷，透过破损的窗户纸，可以看到窗外的星斗。几个同学和衣躺下，冷得难以入睡。丁丁在想，没有找到父亲当年的房东，要拍摄到五壮士纪念塔，成为自己必须完成的任务了。第二天一大早，几个人开始"挺进"棋盘坨顶峰。那真是完全没有像样的路，所谓羊肠

初心如磐

小道就是凸起的石壁加陡坡。在离顶峰百米左右的高度，眼前是绝壁，大家深知，没有向导是上不去的。于是只能在能站住脚的位置，每人留下了一张与远远的、高矗山顶的狼牙山五勇士塔的珍贵合影。

返回家中后，丁丁向父亲讲述了徒步"串联"狼牙山的全过程。对于没有找到房东大娘，父亲只是喃喃地说了声："大娘也许过世了。"而后，丁丁拿出了一个胶卷给父亲，告诉他胶卷里的内容，说明了为什么没有登顶的缘由，父亲点点头说了句"棋盘坨是很险的。"两天后，父亲拿着几张洗好的照片，高兴地对丁丁说："看到五壮士纪念塔了。你把其他同学的照片转给他们吧。"丁丁并没有太多的兴奋，因为那张照片上的

1966年，丁丁在狼牙山棋盘坨脚下

人物与纪念塔实在是很难有完美的构图。渐渐地这张照片淡出了丁丁的记忆，直到在整理父亲遗物时，意外发现父亲竟然还保留着那张底片，看着它，泪水浸湿了丁丁的眼眶。父亲对乡亲们、对英雄部队的挚爱深藏在这张胶片中。

1974年，父亲重走长征路，在延安毛主席旧居前留影

在与父亲相处的20多年时间里，让子女们心灵触动最深的是他生命的最后两年。父亲去世后的一段时间里，姐妹们常在悲痛中回忆着父亲的往事。玲玲记得1977年的一个初秋，她在家打开抽屉找东西，一封写着刘峰首长收的信，引起她极大的好奇。她迫不及待打开了这封信，认真地看了起来，看到最后，她哭成了泪人。玲玲平时喜欢把重要的文章摘录到一个笔记本上，那天她看完信后，流着眼泪把信中感人的内容抄录了下来。

在回忆父亲生前故事的日子里，有一天，玲玲拿出她的笔记本，又把信里的内容读给家人听。这是父亲去世前采访的最后一支部队的战士写的信，部队番号记不清啦，只记得驻防在河北。那封信这样写道：

尊敬的刘峰首长：

您好！

转眼您离开我们部队已有一段时间，不知您最近身体好些了吗？战士们好想您啊！记得您在拍摄部队军事演习专题报道中，与大家同吃同住，在训练场上，哪里训练最艰苦您就出现在哪里，训练结束后，您与战士们围坐在一起，讲述战争年代所经历的风风雨雨，战士们倍受鼓舞，与您结下了深厚的情谊。我们忘不了：烈日下，您为拍摄战士拼刺刀蒸腾着的阳刚和血性，端着相机任汗珠肆意滚落；您为拍摄战士们在泥浆里练习格斗顽强拼搏的场面，您下到泥浆中，任凭泥水把您的身体浸透；在穿越火线训练场上，您冒着滚滚硝烟与战士们同行，拍下年轻战士凝神极速向前，经受刀光剑影洗礼的精彩瞬间……直到一天训练后的晚上，一位战士推开您的房门给您送开水时，看到您正在吃着桌子上一盒盒的药，再三询问，才得知您这次来采访一直在发着低烧。您走后，部队领导告诉我们，您是1939年参军的老八路，是部队中端着相机的师级干部。此刻，战士们无不流下感动的热泪。您从枪林弹雨中走来，如今已年过半百，仍然带病与年轻的战士并肩战斗，您不愧为我们尊敬的革命前辈，不愧为我们年轻战士学习的榜样。您离开部队后，我们掀起了向革命老同志学习的热潮，战士们更加斗志昂扬，不怕苦，不怕难，时刻为保卫祖国练就一身过硬功夫……

玲玲读不下去了，姐妹们也失声痛哭。玲玲回忆着那段日子：爸爸那次出差前，看着他日渐憔悴的面容，曾用恳求的口吻对他说："您病了这么长时间，一直没查出原因，这次出差能不能不去了？"父亲当时说："是啊，我最近也感到身体有些不如以前，但这次任务很重要，我完成了采访，回来再好好检查身体吧。"玲玲看无法说动父亲，只好把刚从医院为父亲开的药放在一个盒子里，装进父亲出差用的箱子，提醒他按时吃药。父亲就这样义无反顾地带病踏上了他"最后一次"采访之路。回来时，他的箱子里多了一大纸袋中药丸，家人感到很奇怪，父亲说："这是部队知道他身体有病后，卫生所亲手给他制作的中药丸。"看着这些中药丸，一家人都落泪了。父亲就是这样时刻不忘战地记者的使命，他爱乡亲、爱战士、爱部队，为了这份挚爱，他律己之严格，近乎苛刻，有了这份爱，他赢得了部队指战员的惦念和尊重。

那次采访回来，父亲彻底病倒了。经多方会诊，确诊为肺癌。家人得知这个消息，精神上的支柱像塌了一样，而父亲却依然淡定面对。在当时的总后勤部长王平的亲自关照下，309医院认真做了手术方案，但终因肿瘤已在肺部扩散，只能进行姑息手术了。术后的放化疗使得父亲身体十分衰弱。父亲完全知道自己的病情。回到家里休养的3个月时间里，每天天一亮，听到家门最早的那声撞击声响时，一定是父亲出去锻炼身体了，直到有一天，他因体力不支，摔倒在地，把头部左侧太阳穴磕破了，在家人极力劝阻下，他才改在家里做些简单的运动。当时，上高中的晓丰，每天中午回家时，都会看到父亲在桌前整理照片，粘粘贴贴，抄抄写写。那一幕，让我们感到他正在和时间赛跑，父亲希望把自己一生拍摄下的珍贵照片整理出来，然而，40年来，他拍摄的照片太多了，留给他的时间却太少了，他没能完全实现这个愿望就又住进了301医院。

1979年2月24日，父亲走了。他累了，鲜红党旗下躺着的父亲像是

父亲病重期间在309医院，全家最后一次合影

安睡着，他与疾病抗争摔倒时，太阳穴处留下的伤疤，此刻仿佛成为见证他一生坚定执着的印记。总政治部宣传部副部长粟光祥主持追悼会，解放军画报社社长、中国摄影家协会副主席高帆为他致了悼词，肯定了父亲在中国摄影界、全军摄影界的重大贡献。总参、总政、总后的领导，摄影界的前辈吴印咸、石少华、徐肖冰前来为他送行……在他去世后不久，总政治部授予他"革命烈士"的崇高荣誉。

病重期间，他粘贴在稿纸上认真填写了说明的一打厚厚的资料，成为留给部队、留给我们家人的珍贵遗物，这些宝贵资料也为我们后来完成他的遗愿提供了翔实的内容。

2015年，我们为父亲编辑出版了《刘峰抗日战争摄影作品集》

九层之台，始于垒土。父爱，就是这样由点点滴滴的事情累加起来的。说父爱如山，这座蕴藏着慈爱、热爱、挚爱的"山"，足够我们一生依靠，一生感恩，一生仰止了。

落笔之时，正值父亲102周年诞辰之际，谨以此文，献给我们敬爱的父亲刘峰。

简　历

黄涛（1920—2008）

著名军旅编辑家。1920年8月9日出生，山西省平定县人，1937年9月参加八路军，同年11月加入中国共产党。

历任指导员、科长、政治处主任、大队政委。新中国成立后，一直在解放军总政治部从事宣传工作。1975年任战士出版社副社长，1983年任解放军出版社顾问，1987年离休。主持《星火燎原》丛书(10卷)编辑工作，负责《革命烈士传》(10卷)和《解放军烈士传》编辑工作，主编《红军英雄传》《抗日战争英雄传》《志愿军英雄传》等丛书。1990年获中国出版界最高奖"韬奋出版奖"。2008年8月9日，在北京病逝，享年88岁。

灿若星火　照耀后人

◎黄园园

　　"你是那团最热烈的火，燃烧自己，用生命把梦想照亮；你是那道最美的彩虹，编织理想，把爱全部给了信仰……"这首名为《星火燎原》的歌曲正是我敬爱的父亲黄涛的真实写照。

　　2008年8月9日，父亲因病去世了，他的离去令我们全家都悲痛万分。十几年过去了，父亲的音容笑貌还在眼前，谆谆教诲还在耳边，每当想起父亲执着信念、忘我奉献、爱护家人、温和慈爱，总是令我泪湿双眼。

　　父亲是我军第一位载入中宣部出版局编的《编辑家列传》的人，也是人民军队第一位国家出版界最高奖——韬奋出版奖的获得者。20世纪50年代，他主持编纂了人民军队的第一部英雄传《志愿军英雄传》，新中国第一部大型革命回忆录《星火燎原》；20世纪80年代主持编纂第一部烈士传《解放军烈士传》、第一部中国古代和近代军事史、他领导创办了第一本革命回忆录杂志《星火燎原丛刊》和第一本面向部队青年官兵的生活杂志《解放军生活》，组织开设了全国第一家大型军事书店；在他80岁高龄时，还编辑出版了《红军英雄传》《抗日战争英雄传》《解放战争英雄传》。

信念不变，用生命编著红色经典

　　父亲出生于一个民族资产阶级的富裕家庭，他15岁就毅然离开学校，参加了八路军，投身到抗日战场。在他的带领下，父亲兄弟姐妹9人，8人投身革命，3人英勇牺牲。他常常和我们说：比起那些在革命战争中牺牲的英雄烈士们，他们活到胜利的人，是多么的幸福。他没有任何的理由，不做好革命的工作。

　　2007年11月7日，父亲被确诊为晚期膀胱癌。

　　母亲和我们姐弟四人聚集在父亲的病床前。父亲得知病情后对我们说："你们去把出版社领导给我找来。"不知父亲是不是有什么要求要对组织上讲，母亲马上打电话托人告诉了社领导。

　　很快，解放军出版社的领导们赶到了医院。父亲说："组织上交给的事情，我还没有完成好，由于种种原因，《星火燎原》在编辑中还存在一

2008年，父亲在301医院病房与出版社领导同志开会研究工作

些缺憾，我想了这么几条重点的，交给你们，再版的时候请一定做出订正。"说着，他从枕头底下颤抖地摸出了写好的字条，交到了出版社领导的手中。

老人到了这个时候，想的还是编书出书。看着有书法家美誉的父亲，写得歪歪扭扭已变了形的字，在场的人都感动不已。

50多年来，父亲为《星火燎原》这部我党我军珍贵的鸿篇巨制耗尽一生的心血和精力，付出了最好的年华，而他，无怨无悔。

1956年7月，为庆祝建军50周年，中央军委决定出版一部反映我军50年革命斗争历程的回忆文集《星火燎原》，此项重任交由父亲分管。他当时任总政宣传部宣传处处长，临时组建的编辑部不算正式编制，主要工作由他和抽调来的两位编辑具体负责。由于不到一年的时间，应征稿件达3万余篇，选送到编辑部的就有11610篇。采访、编写、修改……任务繁重而紧迫，父亲毅然辞去宣传处长的职务，全身心投入《星火燎原》的编辑出版工作中。

原来设想这一工作是临时性的，一两年的时间就可以完成。因此父亲他们的工作一直处在"临时"状态，编制没有，办公室没有，他们就四处打游击，从总政办公大楼搬到广安门、八大处等地办公。我们在家里平时见不到父亲，周末也见不到，节假日还是见不到。有时父亲晚上回来，我都睡醒一觉了，看到他还坐在办公桌前，在亮着绿色灯罩的台

1959年，毛主席为《星火燎原》一书题字手迹

初心如磐

灯下写着稿子。桌子上的烟灰缸里总是插满了烟头，父亲那时一天最多要抽五包烟支撑着。面对工作上的一个个困难，父亲跟编辑部的叔叔们吃住在一起，一块加班加点，一块修改撰写文章，一块到外地找作者核实稿件。谁也没

1986年，父亲身着85式军装照在解放军出版社办公室

想到这项临时性的工作，父亲一干就是26年。60年过去了，可是父亲伏案写稿的画面我永远都忘不了。

《星火燎原》先后发行600多万册，《朱德的扁担》《我跟父亲当红军》等36篇作品被选入中小学语文课本。有10余部作品被改编成电影电视剧，编辑部出了王愿坚、黎明、张霖等一批知名作家。

"党交给我做这么重要的工作，我没有理由不把它做好。"这是父亲时常挂在嘴边的一句话。"文化大革命"中，父亲受到迫害，编辑部也被遣散。父亲在被关进牛棚前，对我大姐说："你是老大，除了要带好弟弟妹妹们，爸爸还有一件事要交代给你，你一定要保护好那几本《星火燎原》和所有的资料。"当晚，大姐就带着我们掘开地板，把所有的资料和书籍全部埋到了地下。这些珍贵的党史军史资料才得以保存下来。第二天，父亲就没有回家了。

许多老编辑都说："如果没有父亲的谋划和勇气，没有他那种对历史、对后人负责的精神，没有他冒着生命危险的保护和坚持，《星火燎原》就不会有现在的全集出版和无可替代的历史价值。"

1992年，解放军出版社出版了《星火燎原》选集，2009年，解放军出版社再次出版了《星火燎原》，在社会上掀起了一股"红色旋风"。

1960年，"星火燎原"编辑部成员在人民大会堂前合影留念（黄涛后排左四）

《星火燎原》成为了解放军出版社的一个知名品牌，创造了极大的社会效益和经济效益。

1987年12月父亲离休了，按理说，他的工作应该划个句号了，可他说："句号放大了就是零，零就是一切从头开始，我还能编书。"

离休20多年，父亲始终没有停止工作。在出版社领导的支持下，父亲先后主编了《中华爱国英杰辞典》《苦斗十年》《解放军烈士传》《革命烈士传》等一系列讴歌英雄的书籍。他还组织编辑出版了《硬骨头六连》《朱伯儒》《张华》《张海迪》等反映时代群体和英雄楷模先进事迹的书籍。他主编的《志愿军英雄传》《星火燎原》等革命史传著作是我军规模最大、内容最丰富、影响最深远的传记文学作品，父亲被誉为我军史传文学的开拓者和奠基人。

1952年夏天，父母和大姐、二姐在北京

父亲在1957年出版了《中国人民解放军的三十年》，后来他主编、编辑过很多图书，却没有出版过自己的作品集。在出版社一再要求下，1994年他出版了一本关于史传写作的回顾，旨在给同行、后辈一些工作上的借鉴，书名是他自己定的——《为英雄歌唱》。

使命不变，一生执着追求

近年以来，一些不负责任的媒体依靠"揭秘"历史、恶搞英雄生存，以"亲历""纪实""秘闻"等形式蛊惑人心，人民心中的英雄刘胡兰、董存瑞、邱少云、张华等都成了他们攻击的对象。更不可思议的是，还出现了"《星火燎原》刊载的某英雄事迹是假文章"的报道。父亲气愤不已，站出来大声疾呼："英雄岂能玷污！"

他多次在参加社会活动时发言："在当今价值观念多元化特别是年轻人思想活跃的时代，我们的红色经典亟须重新整理和编辑，以占领主流思潮的阵地。反映老一辈革命者革命精神的红色经典，应该影响每一代人，这关乎民族和国家的未来。"

他始终关注着老一代的革命精神在今天的传承，用实际行动热忱传播革命传统。《星火燎原》是毛主席一生唯一题字的一部书。邓小平同志为《星火燎原》题词，这也是他一生为一部书专门题词。郭沫若同志称这部书"是用红宝石砌成的万里长城"。

几年前，一家杂志社的编辑得知这些情况后，主动找到父亲，约请他写一篇《〈星火燎原〉诞生记》，并列出写作提纲，特别提醒他将"文化大革命"期间的风风雨雨写得"花哨"一点，具有揭秘性、猎奇性，说这样才有卖点，并许以大篇幅刊登和丰厚稿酬作回报。父亲坚定地说，"宣传《星火燎原》是件好事，但根据我所掌握的资料，恐怕达不到你的要求。"

1991年5月，父亲向山西省平定实验小学捐资设立"星火燎原"奖，并赠校图书馆5部由他主编的大型图书

出版社库房积压的图书，让"不许拿经典制造卖点"的父亲深切地感到，英雄事迹的宣传也需要与时俱进，只有把红色经典的宣传大众化，才能更好地让英雄事迹深入人心。80岁高龄的他在主持编纂《红军英雄传》《中国共产党抗日英雄传》和《解放战争英雄传》时，积极主张要采用

1953年，父母在北京

当时图书市场刚刚流行的16开开本，并且在版式和印制等方面都要与当代读者的阅读习惯和审美情趣相适应，在书中增加了大量引言、解读、插图和背景资料等，做到了图文并茂。出版界的专家们都评介，能把革命历史题材图书做得这么精致时尚，实属不易。后来解放军出版社再版《星火燎原》时，由此受到启发，使这套丛书装帧更精美，版式更新颖，设计更独特，并被评为2007年度十佳图书。

2009年《星火燎原》全集20卷出版

父亲不遗余力地利用各种方式宣传推广红色经典。他亲自撰写署名文章，介绍出版的革命英雄传记图书。在参加各种社会活动中，将自费购买的革命英雄传记等图书作为赠送的贵重礼品。《中国共产党抗日英雄传》出版后，为了更好地向广大读者介绍这部新书，85岁高龄的他多次接受电台和电视台记者的采访，由于劳累过重，他的身体出现了严重的不适。有一次约好要到北京人民广播电台做直播，我们和医生都劝他推掉这次采访，父亲说："别的事我都可以推掉，这件事怎么能推呢？"母亲知道拗不过他，只好陪着他来到电台。一进直播间父亲俨然换了个人似的，他充满激情地讲述英雄故事，畅谈革命传统。不知不觉，一个多小时过去了，他额头上沁出细密的汗珠，却浑然不知。

职责不变，一生不留遗憾

早在父亲去世的几年前，他就已是一身的伤病。两只眼睛做了人工晶体，一双腿和右肾都安了支架。80岁的高龄，健康透支的身体，他开始了向人生最后一座顶峰的冲击。

父亲常讲，有离休的岗位，没有离休的党员。"当年我参加革命是为了推翻三座大山，晚年我要完成三件大事。"2005年，85岁高龄的他找到出版社领导，要求担任《红军英雄传》《中国共产党抗日英雄传》《解放战争英雄传》丛书的出版编辑工作。他说我今生今世最大的幸事就是让这3部书成为纪念抗战胜利60周年、长征胜利70周年和建军80周年的献礼图书。社领导何尝不想让父亲担纲此项工作，可考虑他疾病缠身，有谁忍心这样做呀！大家都劝父亲好好休息，保重身体。父亲拍着胸脯说："这一段历史我熟，我来牵头做这项具体工作，能节省很多时间，这是一项传承红色经典的工作，时不我待呀！我中午吃了两碗饭呢，身体好得很。"社领导拗不过他，只好答应他的要求，但提出不能超负荷工作，并给他配了3位助手。

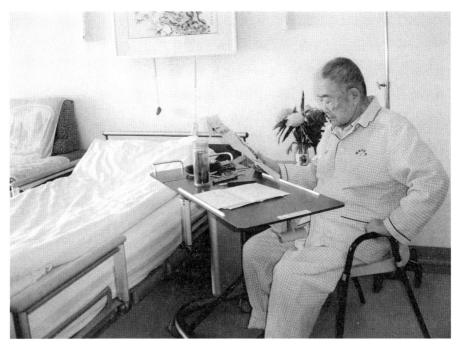

病房也是办公室（2008年）

　　父亲虽然年事已高，可工作标准依然不降。他始终坚持"三编"成书的程序：第一步试编文告，将初稿打印，听取各级领导的意见，送军事科研单位等审核；第二步将改编稿打印，分送英雄所在部队，让官兵提出修改意见；第三步再将试编稿（即基本成稿）通过座谈会等形式听取社会各界的反映。他不只在一次编前会上讲："回忆录虽然是作者亲身经历，但时隔多年，难免有错。编辑工作不能完全依赖作者，对文中的时间、地点、人名、事件的提法和观念，须一一核对。主要依据是党的文件决议、他人回忆录、档案资料、工具书等；有些地名还要和过去的地图、现在新出版的地图核对；然后和作者沟通，再一丝不苟地订正。"

　　父亲的严谨在出版社是出了名的。红军长征中使用过一种叫梭镖的武器，但很多文章都将"镖"写成了"标"。为此，他翻阅了30多个版本的辞海、辞典，认定从武器的角度来讲，用"镖"更为准确，并及时向出版社编辑人员做了通报。在编纂一部英雄传时，打字员把一名反面人物的名字打错了一个字，父亲用红笔将错误的地方更改过来，并在小样上写道："编写英雄传，一定要细之又细，不能出半点纰漏，就是汉奸特务的名字也不能搞错。"对再版图书回头看，是他倡导的职业习惯。近年来，出版社再版一些图书时，都能收到父亲的修订意见。在再版一部获奖图书时，责任编辑感到，这本书已经获了大奖，是一部精品，不必修订，正准备交到工厂付印时，父亲给送来了10多处修改意见。当得知这是父亲刚刚做完白内障手术后写的意见时，编辑深受教育和感动。父亲常说："眼睛看不清，不能思想看不清。出版工作是铸造精神支柱的，编书应该少留遗憾，多留青史。"

为了庆祝建军80周年，出版社要出版《星火燎原》全集，父亲又来了精神，可这时他已经因患癌症住进了301医院。母亲劝他好好把身体养好，在医院里的任务就是治病。父亲说："《星火燎原》全集正在编辑，

航天英雄杨利伟专程到医院看望父亲（2008年）

初心如磐

我要在有限的时间里，帮他们从头到尾梳理一遍。"从知道癌症病情确诊的当天开始，父亲就坚持要求出院。母亲和我们都无可奈何，只好把住院部的领导请过来做工作，仍是无济于事。后来，我开着车把《星火燎原》的书和相关资料都取到病房来了，这才让父亲安下心来。但医院里经常有人来探

1960年秋末初冬之际，父母北京结婚10周年留念

视，不能让父亲静心处理书稿。加之，我取来的一些资料不完全对路子，在父亲的一再坚持下，他还是抱病出院回家了。第二天，他就在家中开始整理《星火燎原》。

2008年1月20日，父亲因尿血再次被送往301医院重症监护室。上一次出院时，医生就告知过我们：父亲患的是膀胱恶性肿瘤，一旦胀破而出现大出血就没有抢救的可能性了。经过三天的监护，父亲的病情再次好转，转入普通病房。

也许这次的险情，让父亲感觉到了身体是革命本钱的内涵。他说，我的心愿还没完成呢，身体不能垮。他每天按时吃药打针，从不马虎。他管吃药叫补充能量，说冲剂是最好的饮料，他说身体好了工作就有劲。

父亲为红色经典的传承付出了多少艰辛，恐怕只有他自己知道，因为从他那不知疲倦的眼神和始终微笑的脸庞，看不到一丝疾病给他带来的痛楚，让人感受到的只有欣慰和快乐。父亲离休后，由于身体逐渐多病、虚弱，不能再到出版社主持编辑会议，参加讨论座谈，我们家里的电话就成了出版社的热线，编辑们有什么难题随时打过来，有时一唠就是一个多小时。家里的客厅也成了编辑部的会议室，解放军出版社出版

2008年5月，家人在301医院祝贺父母钻石婚

1969年，本文作者下乡前和父母合影

《星火燎原》全集时，他作为最了解和关心这套丛书的人，提出的几十处修订意见就是在这里向编辑人员交代的。因长期伏案，父亲身上穿的衣服袖子都被桌子磨坏了，连毛衣袖子都是大窟窿，回来让母亲给缝补上。他的右手几个指头都是弯曲的，食指已经变形，医生说这是长年累月握笔造成的。后来痛得实在坚持不住了，就父亲口述，孩子们记录。母亲说，这样你父亲只要动动嘴就行了，那弯曲的手就不会再遭罪了。

初心如磐

2009年,《星火燎原》全集20卷作为向新中国成立60周年献礼的重大成果,在国庆节前出版发行。当这套父亲为之呕心沥血、终于完成的巨作问世时,他已经走了一年了。父亲曾经说:"要是我能活到那一天,带上一套《星火燎原》全集上路,我这一生就没有遗憾了。"我们把书放在父亲的像前,和他老人家一起分享。

本色不变,一生执笔写英雄

"执笔写英雄,躬身学英雄。"这是父亲早些年工工整整写在《星火燎原》一书扉页上的一句自勉的话,更是刻印在他心灵深处的人生信条。他说最脸红最后怕的事就是去世后,别人背后议论自己"干为英雄立传的活,做给组织抹黑的事"。

他在正师职岗位干了近30年,从没有因个人职级待遇问题找过组织。离休前,母亲让他最后一次找机会反映一下,他说:"加入党组织就是干革命的,我只有为组织工作的义务,没有向组织伸手要待遇的权

1955年,父亲授衔照

利。"在"文化大革命"结束后,父亲有几个老同学的老伴找到他,希望他能出具他们在太原一中参加学生运动的证明,并提出将参加学生运动的时间算成是参加革命的时间,以此获得红军待遇。父亲说:"我们参加革命前仅参加了一次学生运动,在学校主要是参加学生读书会,这只是革命的外围组织,我们没有为组织上做多少工作,别人是怎么想的我不知道,我觉得这个证明我不能出。"

有一年,大姐黄长江突然接到通知,组织上要安排她转业。她一路哭着跑回家哽咽着对父亲说:"爸爸,这件事,您要帮助我,我舍不得脱

下军装，我是革命的后代，我要求在部队工作这不过分吧！"父亲惊讶过后平静地说："孩子，不过分是不过分，但是组织上已经安排你转业了，你让我对组织怎么说呢？爸爸张不开这个口啊！"我大姐连饭也没吃，哭成了泪人。

弟弟海洋是家里的独子，当年他在参加对越自卫反击战时，父母亲都非常挂念他，但是父母都对他说：保家卫国你只能上前，决不能后退！后来他在自卫反击战中荣立了三等战功。2002年，他已经在正团职岗位工作七年了，在总参下属的北京某干休所任职。有一天，领导找他谈话，希望他平调到总参石家庄干休所任政委。弟弟征求父亲的意见，言外之意，就是能否跟组织上说一声，爸爸妈妈年岁大了，希望他留在身边。父亲对弟弟说："爸爸妈妈参加革命一生，从没有对组织说过一个不字，组织上安排你到那儿去工作，是对你的信任。"弟弟听完点点头。很快，他就离开了北京，愉快地到石家庄去工作了，这一去就是六年。

二姐晓燕从部队转业后分配在北京市公交汽车公司下属的一个汽运大队做队医，一到忙时，就要上车去帮忙卖票，天长日久，基本上就成了一名售票员，冬天戴着手套的手也冻得裂开了大口子，二姐想通过父亲的关系换一份工作，或是到解放军出版社工作。望着眼睛哭得通红的女儿，父亲心头不免掠过几分酸楚。但他很快缓过神来，一字一顿地对她说："孩子，你想过没有，爸爸如果动用关系过问了你的事，管得了一次，也管不了你一辈子。而只要有过这么一次，爸爸就一辈子也对不起党，对不起那些先烈们了！"后来二姐就一直在公交公司工作到退休。

父亲被确诊为晚期膀胱癌后，有一次，他得知为自己做检查，做一项PECT要花国家的一万多元钱。父亲懊悔了半天，他说："这样花钱，我心痛。"其实，按照有关规定，父亲的医药费是实报实销的，做什么检查也是医生根据病情所决定的。可他总是说："国家的钱，是人民的血汗钱。"因为他长时间尿血，营养已经跟不上了。医生提出要喝点营养液。为了安慰医护人员，父亲总是故意做出吃饭很香的样子，说："能吃饭营

1976年，全家福

养就能跟上，用不着吃贵药。"我看到他这样，心里实在难过，哭着求他："爸爸，您这是何苦呢？不花国家的钱，咱自己家花钱行吗？您喝点对身体有好处，我们不能没有爸爸呀！"在场的医护人员无不为之落泪。

有人说，父亲编辑革命历史书籍把自己给编傻了，既不考虑家人也不为自己着想。对此，父亲只是淡淡地一笑，他从不对我们议论这些事情。

父亲晚年

父亲获得韬奋出版奖后，他把全部奖金捐赠给解放军出版社，设立了"星火燎原奖"，奖励年轻有为的编辑；他还把个人省吃俭用的积蓄捐赠给家乡小学，设立星火燎原助学金。奶奶去世后，他把家乡的房屋、土地、店铺全部捐赠给当地政府。他还多次给学校、连队、家乡捐赠图书。他总是强调：他所做的这些和牺牲的烈士比，又算得了什么。

父亲的所作所为，向我们展示了一名老共产党员的清白人生，他留给我们的是他的革命精神，是他的奉献精神，是他"为文先为人"，"做好人，出好书"的信念。

父亲永远活在我们心中，活在我们无尽的思念里。

初心如馨

简　历

贺林声（1922—1983）

原名贺秀英。1922年生于四川广元旺苍，1933年参加红军。曾参加土地革命战争、抗日战争、解放战争。1950年至1970年在海军后勤部秘书处、海军二航校校务部、海后政治部群工处任政治指导员、协理员、助理员、干事，1970年离休。1983年，因病去世，享年61岁。

海军大院的女红军

◎刘长江

1970年，妈妈在北京

听妈妈说，我出生的时候，不会哭，因为嘴里有块东西，护士提起我的双腿，将身子倒置，在背上"啪啪"地拍了几下，随着"哇"的一声哭喊，一条小生命延续到了今天。从幼儿园到上学享受着童年的美好时光，我是幸福的。而妈妈的童年与我相比就是天差地别了。

妈妈出生在四川广元苍溪的一户姓向的雇农家。家境贫寒，在她五六岁的时候，因生活所迫，家人将她交给了苍溪一家姓王的家庭领养，6到11岁间，又先后被转卖给李姓，贺姓两家人，随最后一家人姓了贺，当年取名贺秀英。在旧社会，做童养媳的不在少数，但多次被转卖的童养媳却很少。妈妈的童养媳生活充满了苦难悲哀。像奴仆一样地伺候人，挨打受骂，衣不遮身，食不果腹，每天都要上山砍柴、打草，承担着远远超过她那个年纪能承受的体力劳动。每天赶牛上山，回来后，主人要摸牛肚子，鼓的，牛饱了。反之，就是没吃饱。牛没吃饱，人就要饿肚子。有一个冬天的傍晚，婆家发现牛肚子不鼓，不仅不给饭，还在寒冬腊月脱去她的上衣，用皮条抽打，赤裸的上身，伤痕累累，她顶着川北凛冽的寒风，在漆黑的雪夜里战栗、哭泣，无人同情……

1933年，红四方面军30军解放了旺苍。当时红四方面军的女子独立营有一个宣传队，当地老百姓把她们叫作鲜花队，妈妈接受了红军鲜花队"劳苦大众翻身求解放"的宣传，毅然将婆家的牛赶下了悬崖，参加了红军，那年，妈妈11岁，牛被赶下悬崖的地方叫离妻岩。

妈妈弃家而走，是对旧时代的勇敢反抗。在离妻岩深山里砍柴、放牛、做童养媳的妈妈，内心翻滚如东河之水：这样的日子什么时候是

今日离妻岩

1946年，妈妈在延安

个头？什么时候能逃离深山，过上人的生活？红军来了，把妈妈从大山里解救了出来。离妻岩，让她刻骨铭心……

走出大山的妈妈，参加了二万五千里长征，三过甘孜草地，两过夹金雪山，抗日战争与解放战争，在血与火的战争年代，与敌人浴血奋战，出生入死，迎来了新中国的诞生。

妈妈说："我们是幸存者。"是啊！她有那么多的战友都倒下去了，他们没能看到新中国黎明的曙光……

在那千万名红军烈士中，让妈妈永远不会忘记的，是一位长征中的老班长。那时妈妈还没有枪高，在班里年纪最小。在漫漫的长征路上，老班长给她讲革命的道理，启发她，告诉她穷人为什么穷，富人怎么剥削穷人，当红军为了什么？妈妈慢慢懂得了许多革命道理。老班长还尽力照顾妈妈，激流险滩，背着她过，悬崖峭壁，扶着她走，风雪冰雹，脱下羊皮褂子给她挡寒，自己缩成一团。一次，妈妈的口粮丢了，老班长把自己口粮袋系在了她的身上，说自己不饿，却悄悄吃着树皮草根……

在一次过草地的战斗中，一名战士在找掩体时暴露了身体，敌人子弹雨点般向他射来，危急时刻，老班长奋不顾身扑倒了那个战士，子弹却穿透了他的头颅，那名战士脱险了，老班长却永远地倒在了草地上。妈妈含泪说：那一刻，我感到天塌了，最亲的人走了。他叫林营汉。

其实林营汉当时也只有19岁，为了永远纪念他，妈妈把自己的名字改成：贺林声。老班长的英雄形象撑起了妈妈的一生。

严格与关爱

20世纪50年代初，爸爸妈妈从邢台军分区调到海军部队工作。在军委海军大院里，夫妻都参加过长征的老红军仅有3对。

爸爸1932年16岁参加红军，江西兴国人，在红一方面军。离休前在海军后勤部工作，1986年因病去世，享年70岁。

妈妈1933年11岁参加红军，四川广元苍溪人，在红四方面军。参军后作过广元县苏维埃政府宣传员，四川省委红军童子团分队长，红四方面军总部医院剧团宣传员，延安女子大学卫生科护士班长，河北省军区政治干事、组织干事，调到海军部队后长期从事群工工作，离休前，在海军后勤部政治部任助理员，群工干事。1983年因病去世，享年61岁。

由于工作的原因，长期以来爸爸与我们聚少离多，妈妈与我们朝夕相伴。她对我们管教有序，关爱有加，对子女从不朝督暮责，总是循循善诱，深入浅出，以理服人。

有一年，我和妈妈到九江看望当时在那里工作的爸爸。到了九江，我和妈妈商量，想让爸爸派辆车送我上庐山看看。她沉思了片刻说："在北京，你上过香山，那不过才500多米，借这次机会，你可以爬上庐山，一方面能满足你的愿望，另一方面又锻炼了身体与意志，一举两得。"我说："庐山高度是香山的3倍啊！"她却说："空气稀薄的夹金山4000多米红军都

1937年，爸爸在晋察冀军区

翻过去了，庐山算啥！"这话使我无言。

第二天，我搭了辆顺路车到了好汉坡脚下，然后一口气攀上了庐山。山顶上腾云驾雾，令我如痴如醉，那"一山飞峙大江边，跃上葱茏四百旋"的壮观景象，让我震撼不已。但上下来回我竟走了5个多小时，下山之后，两腿抽筋，累得没有一点力气。但心里却有一种酣畅淋漓的征服感。爸爸知道我登上了庐山，很是开心，竟顺口哼起京剧："长坂坡，救阿斗，杀得曹兵个个愁……"我知道他老人家高兴，只是没明白《甘露寺》的这段唱词与我登上庐山有什么关系。

我6岁那年，一次妈妈带着我到海军总医院看望病人，那时候没有公共汽车，来回路程近10公里，回来的路上，我实在走不动了，赌气坐在地上不走了。她劝了半天无果，便自己走了，开始还以为是吓唬我，快见不到她身影的时候，我着急了，便猛地从地上爬起来，朝妈妈跑去，直到追上了她。妈妈问我："累吗?""要累死了！"我气急败坏的说。"累还能跑那么快？""怕你不要我了。"她爽朗地大笑起来，我号啕大哭，哭声中伴着断断续续的喘气……多年以后，我成为北京育英中学的足球队长，场上从来都"跑不累"，想想，真是妈妈把我给"炼"出来的。

1956年，与父母在青岛

妈妈是到了延安以后学习的文化，她深知学习机会来之不易，从开始学习的第一天起就非常努力。她问教员的第一个字是"山"字。因为妈妈是从山里走出来的，她鞭策自己要像老班长一样，任何时候都要抬起头来，像大山一样坚强。

妈妈总是说："少壮不

妈妈使用过的派克钢笔和老花镜

努力，老大徒悲伤。"这既是她的感触，也是对我们的期待。她珍惜时光，一生勤奋。下班回到家，忙完家务事后，一定会坐在她卧室东南角的那张桌子前，戴上老花镜，看毛主席著作，写读书笔记。我有时半夜醒来，还会看到妈妈房子亮着的灯光……

二弟国华上小学的时候很调皮，学习不专注，成绩上不去，总在外面与孩子们打闹，回到家上下一身土，但特别喜欢小猫，路上一见猫就走不动了。一天，妈妈抱回来一只黄色的小猫让他养，前提是猫要养好，学习也要上去。二弟开心得嘴都笑歪了，一口答应了妈妈的要求。从那天开始，放了学也不乱跑了，学习成绩也有了提高，我们都佩服妈妈的这招儿。但养了3个月，小猫消化不良死了，二弟痛哭一场，后悔莫及。妈妈说，养小动物只是有爱心是不够的，还要精心用脑。你学习上也有这个问题，不专心，总马大哈，怎么能提高成绩？自那以后，二弟受到触动，学习不断提高，到后来考取了西安交通大学。二弟高兴地说，妈妈真会教育人。上学临走的时候，妈妈到车站送他，对他说："你是我们家第一个大学生，一定要努力啊！"

妈妈乐善好施，心地善良，她对人的关爱不仅仅限于家人，也扶助他人。

1959年的一个周末，妈妈带着我们几个孩子去天安门广场参观，一位有外地口音的陌生人走过来，请求妈妈帮助。她是从河北来北京看病

1976年，妈妈和我们在北京

1963年，全家人于北京合影

的，钱不够了。妈妈拿出5元钱给了她。她感动得要跪下，被妈妈拉住，安慰她说："抓紧去看病，身体耽误不得"。她感激地对妈妈说："我第一次看到你这么好的人！"5元钱在当时不算是个小数，我们问妈妈为什么要给不认识的人钱？她对我们说："站在天安门前的人是不会说假话的，她来北京看病，是遇上大困难了，我们应该伸把手帮帮她。"

　　类似这样的事在妈妈身上屡见不鲜。20世纪60年代初，海军大院南门外不是如今的高楼大厦，而是一片田地和一些平房，这个叫吴家村的地方住的都是普通百姓。一次妈妈带着我来到一位老乡家，主人对妈妈非常客气，高兴地招呼妈妈坐下，在矮小拥挤的房屋里，蚊蝇肆虐，气味难闻，房屋的一角还在漏雨，地上有个脸盆接水。主人显得有些尴尬，不断说："贺大姐，屋子太小，委屈您了。"妈妈没有一点嫌弃的意思，一边说着没关系，一边笑着就坐在床上，与这位大妈谈笑风生拉家常，气氛十分和谐。原来她们是妈妈早上散步时相识的，在田间相遇而建立的友谊。临走时，妈妈把一些钱塞到她的手里说：去修修那个漏雨的房角，人不能住在雨里啊！大妈推辞不过，把我们送出门，我们都进了大院了，回头看看，她还站在原地向我们招手呢。

然而我们家也并不宽裕，一个拥有7个孩子的大家庭开销很大，特别是三年困难时期，两个弟弟大冬天要出去捡白菜帮，手指头冻得像胡萝卜似的裂开了口子。我们几个孩子都是穿着补丁衣服长大的，大的穿过了，给小的，依次接替，轮到我的弟弟们就是补丁落补丁了。有次过年，家里给弟弟们买了新衣服，他们高兴得在床上蹦高，把床板都压塌了。妈妈说，咱们家人口多，生活要计划，要节俭，但只要我们有能力，就要帮助那些更困难的人。

妈妈为人正派清廉，一身正气。20世纪60年代末，我入伍在空军部队，回到家里，与妈妈谈起空军的情况时说，有人提出把某些人宣传成"天才"。母亲沉思了一会儿说，天才，哪来那么多天才啊！天才不是谁

1968年，我参军前在北京与家人合影

封的，是人民承认的。后来事实证明妈妈的话没有错。

在"四人帮"横行的那段时期，有的人受到迫害，有的受到不公正的对待。他们心里苦，又没有地方去说话，人们大都会避嫌，远离他们。但妈妈不怕，她说："身正不怕影子斜，历史是公正的，是非总会清楚。"在那个非常时期，大家信任妈妈，因为她是非分明，从不见风使舵，不会乘人之危，而是诚心诚意帮助人。邻居蔡斌阿姨说，当她快要崩溃的时候，妈妈接纳了她，并对她说要相信党和人民，使她坚持到了最后。是妈妈把她心中的灯点亮了。

1973年，妈妈在海军大院

我从来不知道那些叔叔阿姨们到家里来和妈妈都谈了些什么，但通过他们的眼神，我知道妈妈给予了他们力量与信心。

妈妈在海军大院的知名度很高，从萧劲光司令员到许多普通的战士都知道她，大家亲切的称呼妈妈为"贺大姐"。

乐观与坚强

妈妈是一位身体力行的人。她在41岁的时候才学会了骑自行车，她说，学自行车是为了提高效率，方便工作和生活。妈妈身矮体胖，初学者一般会从骑女式车练起，但她一步到位，找了一辆28式飞鸽牌男式车，天天在大操场的跑道上练习。皮肤晒黑了，嘴唇干裂了，常常连车带人摔倒，身上青一块紫一块，胳膊和腿到处抹着紫药水，我们见了心

20世纪70年代初，妈妈在青岛

疼，劝她别练了，但妈妈的执拗劲无可撼动。爸爸却诙谐地说："你妈妈在山里打猪草的时候，摔跤的功夫就练得很好了，这算什么呀！"

妈妈50多岁开始学游泳，她没有到游泳池，而是直接选择游向大海。开始背着救生圈，从海边游起，慢慢游向深水。然后扔掉救生圈，由浅入深，由近至远。海浪无数次地将她掀翻，呛了无数口苦涩的海水，妈妈有严重的气管炎，有时会被海水呛得咳嗽很久，但她绝不会停下来。她没有教练，是自己学会游泳的。邻居王阿姨对我们说："我亲眼看到过你妈妈在青岛的第三海水域场，下着雨，迎着风浪游向大海深处。"

妈妈是个勤劳的人，她从来不会抱怨，从来不会向困难低头。妈妈既要工作，又要照顾家庭，里里外外都不能少了她，她是全家的顶梁柱。

20世纪60年代初期，总参组织了一次对驻京机关大院的卫生大检查，标准高，时间紧，大院的家家户户都动员起来了。妈妈当时血压高达200/150，她只能服心痛定来缓解血压。医生对妈妈说："这么高的血压，应该考虑住院治疗了。"妈妈却说："吃点药就过去了。"她心里明白，这个家不能缺了她。她带领我们，把家里各个角落，包括死角打扫得干干净净，我们都睡了，妈妈还在擦拭厨房的灯罩。她说，我们不能给咱海军大院卫生检查拖后腿。当罗瑞卿大将率领的军委检查组，走进我们家的单元门时，恰遇妈妈出来，他听了邻居们对妈妈的介绍后，上前握着妈妈的手说："辛苦了，你真了不起。"

从战争年代走过来的妈妈，对历史有着深刻而厚重的理解与认识。她是坚强的人，又是乐观的人。

妈妈在红四方面军总部医院剧团做过宣传员。从事文化宣传工作的背景和她喜欢文艺的特点，使她形成了一种乐观的态度。妈妈爱唱革命歌曲，嘴里总是唱着那些在延安时期熟悉的歌，譬如《在太行山上》《到敌人后方去》《黄河大合唱》等。妈妈的秧歌跳得很好，腰腿都很灵活，非常有节奏感。她还曾饶有兴趣地教我们扭秧歌，告诉我们怎么跳十字步。她的一招一式都能让我感受到她对生活的投入与热爱。她喜欢养花、种菜、喂鸡，特别善于做全家人都喜欢吃的四川泡菜和米酒。她努力创造一个快乐，充满生机与活力的家庭。妈妈使我们时刻感受到了家庭的幸福与温暖。

受妈妈的影响，我们从小就非常喜欢文体活动，常常是自己编排一些简单的小节目演给爸爸妈妈看，然后他们会给我们进行具体的指导。我比较委屈的是，编排的节目里，常常把"反面角色"交给我来承担，也许是我在家里排行老三的缘故吧。从上幼儿园开始，我就被推上了舞台，上小学又是活跃的演员，我还自己编排过一个双簧节目，和另一个同学在大院礼堂给全校师生们表演，受到了一致好评。我不知道为什么当时老师总是让我上台演节目，后来想，这大概有些妈妈的遗传基因吧。

妈妈喜欢体育运动，爱好爬山，最喜欢看篮球，她常会在大院篮球场看篮球赛，还能说出来哪个人的球打得聪明，打得智慧，哪个人弹跳好，投篮准。还说，当年贺龙组织的120师战斗篮球队打遍全军无对手，他们球打得好，仗也打得好，打球打仗两不误。男孩子当兵要学会打仗，不当兵要学会打球，打篮球能培养大家团结协作的精神，能发挥每个人的作用，锻炼意志品质。

1956年，兄弟姐妹于青岛

我们家有五个男孩子，正好是一个完整的阵容，在妈妈影响下，我们都喜爱上了篮球，有的时候，兄弟几个竟然能在家里狭窄的走廊里，拿个小皮球当篮球打，直到被家人制止。多年以后，我们五兄弟成立了一个家庭篮球队，常与大院里的一些家庭联合队比赛，且战果累累。

妈妈长期从事部队群工工作，她说，做群众工作，就要走到群众中，懂得他们的心，全心全意为人民服务。她总是说，自己是一个平凡的人，一生做的都是平凡的事。但在我们的心目中，妈妈是伟大的，因为她无私无畏，毫不利己，得到了人们的尊重与爱戴。妈妈的思想无时不在潜移默化地影响着我们。

1998年，我当时住在北京海淀区大慧寺8号院。一天，邻居家的大门被一阵大风关上了，金大姐被反锁在了门外，家里厨房的灶台上煮着一大锅的玉米。家人都出去了，电话联系不上，她着急的没办法，竟用身体去撞门，被反作用力弹回摔倒在地，来回折腾了半个多小时也没打开。我们家住在五层楼，我从外面刚回来，见到发生的事，没有犹豫，从自家阳台出去，右手抓住家里的钢窗，左腿跨向邻居家窗台，忙乱中没踩稳，踏空滑了一下，好在重心还在自家阳台，右手抓得也很紧，但惊了我一身汗，第二次稳稳跨了过去，打开邻居家半闭的玻璃窗，捅开纱窗跳进室内，室内充满了浓浓的天然气味道，我迅速跑进厨房，关断天然气开关。只见锅底已烧干，玉米烧焦……当我打开门出来的时候，大家都惊呆了。避免了一次可能发生的火灾，金大姐说，你救了我们家的急，真是远亲不如近邻啊！

1965年，妈妈参加革命33周年纪念照

事后，家里照顾老人的保姆小荣问我，叔叔，你跳窗不害怕吗？我对她说，现在想来有点悬，但那个时候，想的就是那炉子上还开着火呢！如今，我们搬离邻居已经十几年了，至今还保持着很好的关系。仔细想想，这还是妈妈教育的结果。

妈妈珍惜战友情。那时，和她在同一时期参军、健在的川籍女红军，全国各地都有，她们常常通信联络，也会在适当的时候，大家聚集在一起，回忆那艰苦岁月，展望美好未来。

妈妈一生不容易，儿时的苦难，战争的危险，工作的压力，家庭的负担，这一切对她的身体造成了巨大损害，她患有冠心病、高血压、风湿性关节炎等，更为不幸的是妈妈1970年患了乳腺癌，做了根治手术，因为发现得早，手术及时，术后妈妈积极治疗，努力康复，最终战胜了癌症，坚强地活了下来。但在1983年，当她患上肺癌住进医院后就再也没有回来。在最后的那段日子里，她面对病魔打击，始终没有放弃。在接受化疗的过程中，吃不进食物，吃了，吐出来，再吃，再吐……妈妈紧握双拳，闭着眼睛一口口地吞咽，看着她那痛苦的表情，我们背过身去，泪水如注。

妈妈在弥留之际，只说了三句话：一定要照顾好爸爸；我走的时候，不要开追悼会，要永远跟着党走……我想，妈妈最后一句话，就是对自己一生的总结。

经过多方的努力，癌细胞还是大面积扩散了，妈妈的心脏在61岁的时候停止了跳动。送别她的那一天，海军医院的门口排起了长长的队伍，其中有妈妈红军时期的老战友、生前友好，有推着轮椅、拄着拐杖来的老同志，有医护人员、教师、保育员、有售货员、维修队职工、普通的战士、保姆……

在爸爸妈妈走后十几年，我的女儿大学毕业了，我们决定要带着她一起去爷爷奶奶家乡看看，到他们参加红军的那片故地，寻找当年红军的足迹。

2000年，我们来到父亲的老家江西省兴国县古龙岗镇亩南村。那里四面环山，层峦叠嶂，连绵起伏。从镇里到村里，要走两三公里山路，车上不去，我们沿着两三米宽的崎岖小路向山上的村子走去，走到一半

1969年12月，妈妈与川籍女红军战友于北京合影留念（前排左起：史群英、彭真、白建华，后排左起：妈妈、良梅）

1982年，父母在北京

路程的时候，见村支书带领村里的乡亲们在修路。头一天晚上，这里下了暴雨，部分路段被山洪冲垮，乡亲们担心我们进村有困难，专门组织了人力边排水，边修路，接我们进村。家乡父老对我们的这份朴素的感情令我们非常感动。

2014年清明，我和家人来到妈妈老家，四川广元旺苍县。红四方面军的许多女红军都是从这里走出去的，据说当年只有10万人口的旺苍城，参加红军的就达到了1.2万人。巴山蜀水养育了无数的英雄儿女，这里，见证了红军光荣的历史。站在妈妈出生的这块土地上，我心潮澎湃，浮想联翩……

现在被称做红军城的地方，妈妈就是在那里参加的红军。红军城现存红四方面军机关旧址40余处，是红四方面军北上长征的集结出发地，1935年4月，红四方面军从这里踏上了长征路。红军城内保留了那个时期的一些建筑物，街道两旁整齐的房屋，就像是旺苍城的百姓们在欢迎我们的到来，城内的老墙上还清晰可见当年刻下的标语：拥护中国共产党。

旺苍与巴中之间有80多公里，距巴中市两公里的地方有一片碑林，叫"将帅碑林"。我们从旺苍开了1个多小时的汽车来到这里。碑林中，有石刻红军将士纪念碑4000余块，刻嵌红军英名13余万人，这是国内规模最大的红军碑林。在这片占地120多亩的碑林中，有我爸爸妈妈的名字：刘凤邻，贺林声。

出生于巴山蜀水中妈妈的灵魂将永远与爸爸同在。

近日在家中整理照片时，又见到妈妈那一

巴中将帅碑林中父母的纪念碑

张张的照片，往事历历，让我心潮难平。妈妈离开我们已经40多年了，面对妈妈遗像的那一刻，思念油然而生，同时也涌上一阵酸楚。

那年，妈妈拉着我的手说："儿啊，帮助妈妈写写回忆录吧！"直到今天，我才开始做这件事，虽然只是妈妈生命历程中的点滴，但这也使自己愧疚之心能有些许平抚，更望能对妈妈在天之灵有所慰藉吧！

凝视妈妈慈祥的面容，我不由在心底轻轻呼唤：妈妈，儿子想你了！

简 历

刘春（1918—2007）

河北省黄骅人。中国共产党党员。1935年参加"民先"。参加过抗日战争，解放战争。新中国成立后曾任炮兵学院副政委、中国人民解放军炮兵政治部主任。全国政协第六届、第七届委员。1955年被授予少将军衔。1961年调外交部，曾任中国驻老挝、土耳其、坦桑尼亚、

父亲和母亲结婚照（1951年2月）

塞舌尔、埃及等国大使。后任外交学院院长。2007年8月17日，在北京因病逝世，享年89岁。

徐政（1926—2011）

江苏如东人，1941年参加新四军，1942年入党，长期从事财会工作，新中国成立后任华东纺织工业管理局驻厂军事联络员、科长、副经理，纺织工业部处长、财务司司长，中国纺织工业会计学会创会会长。

八路军和新四军的一段情缘

◎刘红路　刘学东　刘雪莲

　　1968年和1969年，我们兄弟俩有机会从学校先后入伍参军。我到40军118师，学东到40军120师。40军是一支具有光荣革命传统的部队，前身是由山东组徕山共产党领导建立的抗日武装队伍发展演变而来。父亲是当年参加组徕山抗日武装起义的第一批山东八路军老战士；母亲也是抗战时期参加革命的新四军老战士。我们能够到父亲当年的老部队当兵，继承发扬父母老一辈的革命光荣传统，是我们兄弟俩共同的愿望。在基层连队当了5年战士后，我于1973年终于被批准加入中国共产党，在入党志愿书上我写的入党理由是："因为我父母都是中国共产党党员，他们从入党那一天起就决心跟着毛主席、共产党干一辈子革命，我们也要以父母为榜样，为党的事业奋斗终身。"父母亲在我们心中的形象始终十分高大，是我们为人处世的终身楷模。虽然离开我们已经很多年了，但他们亲切的形象仍历历在目，永远激励着我们前行。

　　父亲和母亲在抗日战争时期先后参加到革命军队中来，一个是八路军，一个是新四军，本来相逢的机缘不大。在新中国成立前夕，父亲已经是军级领导，前来做媒提亲的络绎不绝，但父亲始终坚持"战后论""外围论"和"党内论"，即革命战争胜利

父母结婚（1951年2月初）

后再谈婚论嫁，不在自己工作单位内部找对象，配偶应当是党员干部。1950年，经过父亲的战友陈锐霆伯伯和苏林阿姨夫妇，叶超伯伯和喻方阿姨夫妇牵线搭桥，才认识了母亲，成就了一段姻缘。

我们除兄弟二人外，还有一个妹妹刘雪莲，她出生于20世纪60年代，比我们小10岁左右，因年龄、性别、经历差距，对父母的观察和感受与我们不同（更为细致）。为此，把她撰写的对父亲住院到去世期间母亲精心照料的一段回忆放在本文末尾。

我们的父亲

"武刘春"

父亲是河北省沧州黄骅市人。他早年在家乡上私塾，后来离开家乡去北平中国大学附中读高中，由其三叔（我们称为三爷爷）照顾。当年三爷爷曾任宋哲元的29军参谋长，在北平驻防。1935年父亲参加了

在泰安徂徕山抗日史料展中父亲的照片

"一二·九"学生运动，成为党领导的青年组织"民先"（中华民族解放先锋队）的成员，因此算作红军时期参加革命工作。七七事变后，因无法继续求学，父亲便和一些同学南下到山东，在冯玉祥办的泰山武训小学短期教书，后来参加了1938年1月的徂徕山起义，正式成为革命军队的一员。

现在泰安徂徕山抗日史料展中，陈列了父亲的两张照片。一张照片身穿八路军服装，配的是他1938年担任中队政治战士时创作的鼓动歌谣"打老谭（指淄川县伪县长谭远村）"，"三月里来天气暖，抗日联军好几千，会合在淄川。大兵开到莱芜县（今莱芜市），摩拳又擦掌，准备打老谭"。当年徂徕山抗日武装成立不久，领导决定突袭莱芜城，一枪未发，成功俘虏伪县长谭远村等300余人，显示了政治鼓动工作对保证战斗胜利发挥的重要作用。第二张是1945年抗战胜利时向投降日军训话，当时父亲已经任八路军山东军区第八师政治部主任，成长为八路军的中高级指挥员。

解放战争中，父亲先后担任过三野三纵队和22军政治部主任、特种兵纵队副政委，新中国成立后任华东军区炮兵政委、志愿军炮兵政委，1955年被授予少将军衔。在第一批授衔的开国少将中，大多数都是红军时期的军队领导干部，像父亲这样在抗战时期参加革命的政工干部为数不多。后来，父亲又担任过宣化炮兵学院筹备组组长、副政委，中国人民解放军炮兵政治部主任。1961年离开军队，调到外交部工作。

驻五国将军大使

20世纪50年代末，中南半岛战争结束后，中央指派父亲到老挝工作，担任中国驻老挝经济文化代表团副团长（团长为中国驻越南大使何伟），后任大使。当时刚成立不久，台湾国民党政府的"大使"抢先递交了"国书"，政治形势十分复杂。一次父亲到机场迎接出访归来的临时政府首相富马亲王，为了贯彻外交部在外交场合争取主动的方针，在各国使节等候与富马亲王会面时，父亲突然越过已排好的队列，先与富马亲王握手交谈。后来看这一行为有些莽撞，违反了惯常的外交礼仪。父亲回国向周恩来总理、陈毅外交部长汇报时，他们笑称"刘春是积极分子"，提出了善意的批评。

老挝国王西萨旺·瓦达纳1963年访华，与毛主席会晤。会见前，周总理、陈老总让父亲去向毛主席汇报情况，听闻父亲的名字后，毛主席特别提到"一个文刘春，一个武刘春"。当时党内的高级干部有两个名叫刘春的，一个是我父亲，因为曾经在军队工作的经历，所以叫"武刘春"。还有一位曾在中央统战部任职的刘春，被称为"文刘春"。巧得很，父亲晚年时，我们家被安排和"文刘春"家对门居住，父亲曾赋诗，其中有"一文一武两刘春"的诗句。

"文化大革命"开始时，父亲和其他大使一起被召回国参加文化革命运动，当时周总理明确宣布"仲曦东、刘春是从

1945年，父亲在山东枣庄官桥镇向投降日军训话

1955年，父亲授衔照

部队调来的将军，他们的主要任务是学习"。"文化大革命"后期，中央起初决定父亲任柬埔寨大使，后又改为担任亚洲司司长。任职期间，父亲参与了新中国外交史上的一件大事，即"乒乓外交"。1971年，第31届世界乒乓球锦标赛要在日本名古屋举行，日本乒协主席后藤钾二几次邀请中国参加。周总理在西华厅亲自主持会议研究是否参加。会议上有主张去与不去的两种意见，父亲认为应该抓住这个机会去做工作，积极主张参加。周总理在听取了各方意见后最终决定参加世乒赛，让父亲会后留下起草给毛主席的报告。最终小球转动大球，推动了中美、中日的建交。

1956年3月，父亲陪同朝鲜人民军参观炮一师

后来，父亲先后担任过首任驻土耳其大使、驻坦桑尼亚大使兼首任驻塞舌尔大使、驻埃及大使，他去过的国家有的战事方息、余波未了，有的是兵家必争的战略要地。在驻埃及大使任上，父亲经历了震惊世界的埃及总统萨达特遇刺身亡事件。1981年10月6日，埃及举行国庆阅兵式，父亲应邀坐在主席台上，距离萨达特总统不远。阅兵游行进行过程中，突然一辆炮车停下来，从驾驶室里跳出几位军人。萨达特以为他们要向自己敬礼，便站起身来，其中一个军人先向主席台上扔手榴弹，然后用冲锋枪向萨达特扫射，萨达特受伤后被紧急送入医院后不治身亡。父亲当时正在仰头观看米格飞机的低空表演，听到枪响，还以为是放鞭炮，翻译使劲拉他卧倒，这才发现旁边已经有人受伤流血了。中国航空工业公司一个专家坐在我父亲的后上方，被流弹击中牺牲。

外交学院院长

我父亲出使老挝、土耳其都是开创性的建交、建馆，所驻国政治社会环境复杂，不宜带家属同往。父亲长期只身在外，母亲一直未随同出国。父亲在埃及担任大使后，年龄已超过60岁，才考虑安排母亲一起出国，便于照顾。为准备出国，母亲本按要求已将组织关系转至外交部，决定和父亲一起去埃及，没想到1982年初父亲又接到调令，回国担任外交学院院长，父母就在北京团聚了。

外交学院是外交部所属培养驻外工作人员和外事人才的一所高等学府。"文化大革命"前是由外交部陈毅部长兼任院长，我父亲是继陈老总之后，在"文化大革命"后上任的第一任院长。当时由于"文化大革命"对教育领域的破坏，外交学院也是百废待兴。当时外交学院分别在展览路和正义路两处地址办公教学，很不方便。父亲上任后即与外交部国际问题研究所商议调换办公教学用房，把外交学院集中到展览路一处，对学院进行全盘规划建设，为适应新形势外交干部培训打好基础。父亲在工作中具有典型的军人作风，脾气耿直，公私分明。这期间，学院院内盖

1985年11月，父亲在外交学院接待基辛格博士

1989年7月，父亲参加全国政协考察时题词

初心如磐

了一批教职工宿舍，但他未给家人要过一间房。他卸任外交学院院长时，外交部曾考虑由常务副院长继任院长，并征求父亲的意见。父亲从工作需要出发，建议由部领导兼任外交学院院长，提出过去是由陈毅部长兼外交学院院长的。尔后一连几任院长都是由部级领导担任。

1992年，我父亲在外交部离休，由于他和丁国钰在离休干部中是正部级，很受老干部局关照，晚年心情也很舒畅。2007年父亲因病去世，一些中央领导和外交部领导前往探望、告别。死后哀荣，对父亲和家庭都是个安慰。

1992年3月，父亲在政协会议上发言

我们的母亲

新四军华中财委总会计

我母亲是江苏南通人。外祖父家在农村，生活比较困难，不得已将母亲从小过继给舅母做女儿。我舅母是做"八鲜行"生意的，所谓"八鲜行"，是在一个河叉子上，做来往船只的货运生意。舅母本想让母亲帮她打理商行，但母亲不愿意，从家里跑出去参加了新四军，那时候她也就十几岁。

后来，我母亲在新四军军部华中财委任总会计，实际是总出纳（负责保管钱财），因此专门给她配一匹马，有警卫战士保护。有一次她骑着马，跟随部队转移，马上还驮着一些银圆，过河时银圆散落到了河里。同行的人赶紧下河捞，最终全部打捞上来，一块都不少。那时，新四军总部的流动经费和财产都让母亲随身保管。解放战争中，部队开赴东北，从山东坐船到大连，钱财都交给她负责保管。

两进上海

按照党中央的部署"两进上海"，是我母亲工作经历中的亮点。第一次进上海是上海解放后，她作为军事联络员，负责接管荣毅仁的申新棉纺厂，后来担任上海棉纺公司的副经理。当时，军代表和工厂的资方代表、工商界人士荣毅仁等人一起合作，共同发展生产，恢复国民经济，支援抗美援朝，彼此合作愉快。公私合营的时候，申新及所属的工厂被收归国有，估价是母亲参与做的。

"文化大革命"期间妈妈和我们哥俩合影

我母亲第二次进上海，是1976年粉碎"四人帮"之后，作为中央工作组成员派驻上海。当时除清除"四人帮"在上海流毒影响外，对干部队伍进行甄别，配备各部门和单位的领导班子是一项重要工作，母亲主要参加纺织局的整顿调整，因为她长期在上海工作，对人员和单位情况比较熟悉，实事求是，分清是非，及时解放了一批老干部并使他们重新工作，对保证上海稳定过渡做出了自己的贡献。

理财能手

我母亲自新中国成立后一直在纺织系统做财务工作，离休前任纺织部财务司司长，是中国工业会计界的一位资深专家，被称为"新中国纺织工业财会工作的开拓者"，是中国纺织会计学会创会会长。有次她到海南省出差看到当地很贫穷，就把部里能动用的钱都给了海南，建了一个纺织印染厂，海南省分管工业的领导都很感谢她，称她是"现代黄道婆"。

我母亲不仅在单位是财务主管，在家理财也是一把好手，从上海到北京，精心安排一家人的生活，还要给她和父亲老家的亲属按时寄生活费，她都安排得井然有序。父母都非常看重当年的战友情谊，战友间时常往来，按照当年的收入水平，外出请客是负担不起的。为此当年战友或同事来访，包括我所在部队的战友出差路过北京，母亲都安排在家里吃饭，亲自安排食谱，家里的老阿姨烧得一手好菜，每次都使客人满意而归，多年以来仍念念不忘。

父爱如山、母恩似海

小时候我们随母亲住在上海，父亲当年在华东军区炮兵工作，住在南京，一家人聚少离多，我们幼年时对父亲的印象是威严高大，不苟言笑，来去匆匆，对他十分敬畏。记得有一次父亲在工作之余回到上海，不知道我们兄弟俩犯了什么错误，父亲在楼上跺着地板大吼一声，把我们吓得眼泪汪汪，还不敢哭出声来，这种震撼至今仍保留在我的记忆中。后来随着年龄增长，生活距离加大（父亲出国，我们当兵），对父爱的感受却越来越深。我当兵入伍后，一连三年没有回家，除母亲几次到部队探望外，和父亲的联系主要靠书信往来。每半个月左右我都会收到父亲的来信，除通报家中情况外，更多的是对我工作生活的关心和指教，字里行间透露出浓浓的父爱。

和母爱相比，父爱更多的是体现在对子女政治发展大方向的关心和

"文化大革命"期间全家合影

指引上。记得我入伍3年后，一次给父亲的信中流露出自己对上级领导一些观点和做法的不满和抱怨。父亲收到信后立即回信对我提出严厉批评，指出这种怨天尤人情绪的错误和危害，要求我在连队里和工农子弟要打成一片，要尊重和理解领导，严以律己。父亲的批评对我是当头棒喝，此后头脑清醒了许多，促使自己做出调整和改进。我能够待在基层连队安心当了7年战士，和连队干部战士关系融洽，打成一片，这和父亲的关心、指引是分不开的。

父亲近70岁时才从繁忙的工作岗位退下来后，对子女的情况更加关注，相互交往更多，彼此感情也不断升温。学东回忆父亲晚年时和他一起散步，回忆起亲身经历的一些历史事件和人物，娓娓道来，鞭辟入里。2001年末，我在海南工作10年后得以调回北京工作，父亲得知后非常高兴，写诗庆志，其中有"重回膝下又承欢"的佳句，盼望父子相聚的心情跃然纸上。在我50岁生日时，父亲一连做了11首诗，对我50年间的发展过程做了生动的概括和点评。如对我担任原铁道兵政委、铁道部老部长吕正操秘书10年经历，父亲是这样描述的："十年秘书随吕公，登高望远万里行，耳提面命皆学问，言传身教益无穷。"俗话说："知子莫若父。"父亲的精辟分析远远在我个人之上，其教诲使我受益终身。

和父亲的大爱相比，母爱则显得更加无微不至，体现在我生命成长的每一个阶段中。我3岁时得了严重的肾炎，上海的儿童医院努力医治无效，已宣布放弃治疗，要家长早做准备。我父母并没有因此放弃，含着眼泪四处求医，可谓千方百计。由于一个偶然的机缘，我母亲寻访到她工作的棉纺公司属下一家棉纺厂的驻厂大夫是一位中医名家，经过他诊治，我病情奇迹般的好转，慢慢恢复了健康。多亏了母亲找到陆大夫妙手回春，给了我第二次生命，直到以后上学、当兵、工作，几十年来肾脏工作正常。

在我即将退休的2011年10月，母亲病重，而我正陪同全国工商联黄孟复主席在新加坡参加世界华商大会和出访文莱。回到北京，我立刻去医院探望。母亲戴着氧气罩，听到我的呼唤睁开了眼睛，我认为病情有缓，松了一口气，不想三天后病情急剧恶化，母亲从此离开了我们。后来回想，我才意识到母亲当时是忍着巨大的病痛一直等我回国。"儿行千里母担忧"，这是一份多么伟大的母爱之情。

老妈陪伴老爸渡过生命的最后时光

老爸老妈结婚50多年，在一起团聚的时间可能不到20年。说起来老爸是个有福之人，在他病重住院，直到他生命的最后时刻，老妈和我们几个孩子对他是照料始终，关怀有加。在老爸住院的两年多时间，老妈几乎天天去医院"上班"，早起晚归，一天两趟。有时候陪床看护人员问老爸："老太太来了没有？"老爸却说"没有。"即使这样，老妈也一如既往，锲而不舍地关护着老爸。2006年4月的一天，我从国外给老妈打电话，老妈挺高兴的。她说今天看护告诉老爸，老妈来了，老爸睁开

妹妹刘雪莲结婚全家合影（1988年2月）

父母结婚50周年纪念照（2001年2月）

眼睛，老妈走到他病床前，他还向老妈做了个怪脸，老爸的这个怪脸，让老妈等了很久、很久，老妈在电话里对我说，你爸今天表现不错。

老爸老妈之间的感情让我感动和流泪。记得2005年，我回国看望老爸的时候，那时他还能同我们讲话，晚上我告诉他我要回去了，他说："你睡在这里吧。"我问他："那你睡在哪里？"他说："我睡在你妈怀里。"一句话把我们都逗笑了，它道出了老爸对老妈的依恋之情。老爸这一辈子，全副身心都放在工作和读书上，他的衣食住行，全部都是老妈在精心打理。当老爸病得很厉害的时候，有一次老妈告诉我，她让别人把我们的名字写得大大的给他看，她总是相信老爸还能恢复得像以前一样，为此积极争取治疗，永不放弃。

在我的记忆里，老妈从来不迷信什么，可是在老爸走后的晚上，老妈彻夜没睡，早晨起来，我隐隐听到老妈在老爸的遗像前说话："老刘，我把你的面前扫扫干净。"这时我突然明白了一些以前看来好似迷信的东西，其实是我们活着的人对故去的人的一种思念和眷恋。

爸爸妈妈去世后，我们几个子女在八宝山用家里的积蓄买到了一块小墓地，把二老的骨灰放到了一起，墓碑上用的是他们结婚时的照片，每次祭扫时站在爸妈身边，心中感到十分平静和安慰。现在他们终于团聚了，永远不再分离。

简　历

罗舜初（1914—1981）

　　福建上杭人。1929年春参加上杭农民暴动，同年冬参加中国共产主义青年团。1931年参加中国工农红军。1932年7月进入瑞金红军学校第四期学习，同年10月由共青团员转为中国共产党党员。曾参加土地革命战争、长征、抗日战争、解放战争。曾任中国人民解放军第四野战军第四十军政委、军长等，率部参加了开辟东北解放区和辽沈、平津、渡江等战役。新中国成立后，任中国人民解放军海军参谋长、第二副司令员。1963年任国防部第十研究院院长，国防工业办公室副主任兼国防科委副主任，沈阳军区副司令员、顾问。参与我国"两弹一星"的组织领导工作。第五届全国政协委员。1955年授予中将军衔。1981年2月在沈阳逝世。

胡静（1918—2010）

　　河南省舞阳县胡岗镇人。1936年参加中华民族解放先锋队，1942年8月加入中国共产党。1937年11月参加八路军。参加过抗日战争、解放战争。曾任辽东军区政治部组织部干事、卫生部政治处党总支副书记，第四十军后勤部政治处组织股副股长。新中国成立后任海军后勤部政治部组织科副科长、海政干部部档案科副科长等职。1954年8月转业后任纺织工业部国家监察局机械监察处副处长，纺织科学研究院机电研究室副主任、院政治部组织处处长，中国第二机电设备公司华北一级站任顾问等职。1982年5月离休。2010年11月5日在北京逝世，享年92岁。

我的父亲母亲

◎罗小明

在抗日战争的烽火中，父亲和母亲相识于沂蒙山抗日根据地。尽管他们两人的家庭背景和个人经历截然不同，但是共产主义的共同理想使他们从相识、相知到相爱，最终结为夫妻。

抗日战争胜利后，毛泽东电令陈毅、黎玉：请令罗舜初部1.6万人"火速北进渡海"。父母毫不犹豫地将不满1周岁的姐姐托付给沂蒙老乡寄养，扬帆跨海，踏上新的征程。

父母与哥哥姐姐的合影（1947年拍摄于吉林通化）

在鏖战黑土地的岁月中，不满3岁的哥哥不幸染上了白喉，同时染病的还有韩先楚的女儿韩玲玲，当时药品极度匮乏，身为军区卫生部党支部书记的母亲得知情况后痛下决心，毅然决定将仅有的一支药让给韩玲玲，结果韩先楚的女儿得救了，我的哥哥不幸夭亡。下葬那天，母亲坐在小棺材前，深情地注视着哥哥的遗容，久久不愿离去。

辽西会战中，父亲率部捣毁了国民党军廖耀湘西进兵团指挥部，敌人派出飞机疯狂轰炸，父亲被埋进弹坑里，挖出来后七窍流血，昏迷一个多星期不省人事。身怀六甲的母亲受此惊吓，结果姐姐还没出生就胎死腹中。

新中国成立不久，父亲和母亲来到北京，参加人民海军的创建工作。从此结束了战争年代那种飘忽不定、聚少离多的生活，有了一个稳定的家。虽说远离了战场和硝烟，但在我们这个家庭里依然保留着许多战争年代养成的习惯。

海军领导机关成立之初，管理部门安排父亲住进了一所独立的小楼。初创时期的海军发展迅速，大批干部不断从各地调入北京，住房难以立即解决。这些新来的干部，不管认识与否，不论职务高低，父亲母亲都热情地将家中的房间腾出来供他们居住。大家住在一起，就像一家人一样其乐融融，我们这些孩子们也都像兄弟姐妹一样，一同玩耍，相处得很好，充满了革命大家庭的温暖。

战争年代，父亲从来不摸钱，他那点有限的津贴都交给随身的警卫员代管，需要买书和香烟时，就由警卫员代办。实行薪金制以后，父亲的工资一下子多了数十倍，但他依旧保持着过去的习惯，全部工资仍交给警卫员管理。对于父亲的这个决定，母亲全力支持。她从我们一懂事时就教育我们，任何人都不准背着父母到警卫员那里支取父亲的工资。而周围的同志们

父母与我和姐姐的合影（1950年拍摄于北京）

不论谁家遇到困难，父亲都会慷慨解囊，从自己的工资结余中拿出一部分来帮助他们渡过难关。父亲用自己的工资究竟资助了多少同志，他从来不挂在嘴上，我们至今也不知道具体数额。

有一年，家乡来信说，通往外面的道路被山洪冲毁，希望父亲能给当地领导打个招呼，拨点钱修复毁坏的道路。父亲觉得国家正在进行大规模经济建设，到处都需要钱，不能再给国家找麻烦，就把自己的工资结余全部寄回家乡修路，分担了国家的负担。家乡的学校想建个图书馆，父亲知道后就用自己的工资买了许多书籍寄回家乡，让下一代学习更多的知识。

父母与我和姐姐、弟弟的合影（1954年拍摄于北京）

那时候，因为工作需要，分配给父亲一辆专车。母亲虽然和父亲同在一个单位工作，却从来不沾父亲的光。她每天都和住在附近的同志结伴步行上下班，无论春夏秋冬、刮风下雨，从不例外。父亲在日常生活中从不使用这辆汽车。有一次，总政文工团的陈其通团长请父亲带着全家去看他创作的话剧《万水千山》。因为剧场离家较远，秘书要司机开车送我们去。父亲认真地说，这是战友间的事，不是工作，坚决不准秘书调车，最后全家还是乘坐公共汽车去看的话剧。

父母亲这种公私分明、严于律己的处事原则深得海军领导机关各级干部、战士的钦佩，也给我们树立了学习的榜样。然而，在1959年发生的那场政治运动中，父亲遭遇了一次巨大的冲击，这次冲击同时也波及我们这个家庭，改变了原本祥和宁静的生活。

1960年的春节，我们家里十分冷清，一点过年的味儿都没有。除了海军初创时期的老战友还敢来看看，再没有人敢来登门。他们一言不发，面对面坐着一支接一支地抽烟，一盒烟抽完，站起来叹口气，惆怅而去。大年初五那天，萧劲光司令员起床后对秘书张志文说："这个年，老罗肯定没有过好。"你是从他那个部队出来的，过年了，你应该去看看你的老首长。张志文平日里常来，是熟人，用不着打招呼，就推门而入。家里静悄悄的，一点儿过年的气氛都没有，他心里一寒，径直走进父亲的书房，看见父亲正端坐在里，心无旁骛地专心致志地读书。张志文瞄了一眼，父亲读的是《毛泽东选集》。父亲说，他始终不知道自己究竟错在哪里，希望能从领袖的著作中找到答案。

1960年8月，军委办公会议将父亲的问题大大从轻，被定性为犯有右倾机会主义性质的错误，免去海军副司令员职务，不予处分，送解放军政治学院学习后另行分配工作。好心的刘道生副司令认为父亲只是免职去学习，关系仍在海军，就按照父亲的级别待遇标准，给父亲派了一个警卫员，并安排了一辆生活保障用车。倔强的父亲谢绝了战友的好意，坚决退还了汽车，举家搬出海军大院，暂住志愿军办事处的一套面积不大的周转房，每周乘坐公共汽车去学习，过上了一个普通人的生活。

父亲遭受批判的时候，母亲仍像往常一样按时上下班，表现得极为冷静。她严守组织纪律，既不打听，也不过问父亲的事。母亲从部队转业前曾在海军工作过几年，对父亲的工作作风和海军建设的思路还是有所了解的。当有人劝她和父亲划清界限，甚至考虑离婚时，母亲坚定地表示：通过多年的共同生活，我对罗舜初同志是了解的。他在工作中可能有这样那样的缺点，但绝不可能反党反毛主席。当时恰逢地方干部级别调整，受父亲的影响，母亲自然无缘调级，对此母亲安之若素，没有丝毫抱怨。父亲学习期间，正值我国遭遇严重自然灾害期间，物资短缺，副食品需要按人凭票凭证定量供应。父亲到政治学院学习后副食供应在学院，我们姐弟三人当时住校都是集体户口，每逢周末回家，我们和父亲每个人只能带回一点粮票，肉、蛋、油等副食品全无。为了让全家人周末回家能够改善一下生活，享受家庭的温暖，母亲平日里以盐水煮菜度日，将她自己那份数量有限的肉蛋副食攒到周末全家团聚时共同享用。长久下来，刺骨的冷水冻坏了母亲的双手，严重的营养不良，严重摧残了母亲的健康。尽管浑身浮肿，行动无力，母亲仍然默默地忍受着，用她羸弱的肩膀顽强支撑着这个家庭。

那时，我们的邻居都是从朝鲜战场回国后等待分配工作的志愿军将领，他们中有些和父母亲熟识，有些从未和父母亲一同工作过，但都被母亲的精神所感动。尽管大家生活都不富裕，不论谁家弄到一点好吃的，总是分出一份送给我们，以减轻母亲的负担。回想往事，那时候是精神上幸福指数最高的时期。

父亲进入解放军政治学院后，和年轻的校、尉级军官编在一个班，住在一间大宿舍里，他被分配睡上铺，使用的是公共卫生间和浴室。父亲对此泰然处之。后来在周恩来总理和罗荣桓、聂荣臻两位元帅的积极努力下，父亲被任命为负责无线电电子技术研究的国防部第十研究院院长，并增补为院党委常委。

父亲去第十研究院报到那天穿的是一身便装，被警卫阻拦在营门外，院办公室主任闻讯连忙出来迎接，并当着父亲的面训斥警卫不该阻拦新来的院长。父亲笑着说，他这样做是对的，应该予以表扬。

为了解决父亲的住房，院务部门的同志物色到城里一处不错的四合院，面积未超标，价钱也很合适，只要父亲满意就能马上签约成交。没想到父亲知道后立即叫停。他说，我们是一个新单位，很多同志都还在外边租房住，你们还是先想办法解决他们的住房。就这样，我们全家依旧住在志愿军办事处那套简易的周转房。

第十研究院是一个技术性很强的单位，父亲依旧发扬了他那一以贯之的苦学、苦干精神，很快就变被动为主动。为了获取情报，美国唆使台湾当局派飞行员驾驶最先进的美制侦察机窜入中国内陆实施战略侦察，在参观被击落的敌机残骸时，父亲敏锐地发现，许多机载电子设备正是我们求之不得的样品。在他主持下，十院调集精兵良将，对这些设备残骸进行修复、研究、仿制，大大缩短了我国与美国在电子技术方面的差距，取得了对敌斗争的主动权。在父亲的倡议下，中央军委批准十院成立全军第一个电子对抗技术研究所。为了办好这个研究所，父亲不辞辛苦，亲自带队勘察，最后将所址选在四川灌县（今都江堰市，现已迁到成都市内）。

1964年10月6日晚上，父亲和母亲一同到人民大会堂观看大型音乐舞蹈史诗《东方红》。当毛主席在周恩来总理等中央领导陪同下步入万人大礼堂时，全场掌声雷动。毛主席一眼就认出了人群中的父亲，他停下脚步，伸出手来，微笑着握住父亲的手。毛主席主动和父亲握手，表明毛主席对父亲的了解和信任。

1965年1月，中共中央决定，罗舜初任国务院国防工业办公室副主任，不久，中央军委任命罗舜初兼任国防部国防科学技术委员会副主任。这是两个十分重要的领导机关，聂荣臻元帅曾经对这两个部门的所有干部提出要求："当好国务院和中央军委的参谋，当好领导同志的助手。"

在一般人看来，父亲既然成为周恩来总理和聂荣臻元帅研制导弹、原子弹、人造卫星、核潜艇等尖端武器和技术的头号参谋和助手，我们家的居住、生活条件肯定会大大改善。但是，父亲母亲做出的决定却让人大跌眼镜。我们的新家就安在国防工业办公室机关宿舍院内一幢不起眼的公寓楼里，面积仅有一百多平方米，远远没有达到父亲这一级干部住房的标准。熟悉父亲的人都知道，战争年代父亲总是将仅有的房子让给机要部门使用，自己时常在大树下过夜。新中国成立以后，父亲对于从苏联那里学来的按照级别确定住房质量和面积的做法更是不以为然。在他看来，房子只要够住就行，占多了是浪费。再者，和机关的参谋、干事、处长们为邻又有什么不好呢？就这样，父亲带着我们全家住进了这处很不起眼的公寓房。

1966年初夏，"文化大革命"中父亲被停职反省。大约半年以后，经聂荣臻提议，周恩来等中央领导批准，恢复了父亲的工作。重返工作岗位后的父亲临危受命，负责我国第一颗氢弹全当量爆炸的组织准备工作。此时，"文化大革命"的狂潮已经席卷全国。眼看预定的试验日期一天天临近，氢弹空爆试验准备工作进入最后阶段，而承担氢弹重要部件加工任务的二二一厂却因为开展"文化大革命"，工作无法正常进行。心急如焚的父亲斗胆向聂荣臻提出了一个大胆的建议：以国务院、中央军委的名义电示二二一厂暂停开展"文化大革命"的"四大"，集中精力，确保氢弹的加工质量和进度。

父亲亲自草拟了电文，经聂荣臻阅后直接呈送周恩来、毛主席签发。毛主席统揽大局，第二天就签发了电报，二二一厂的工人们迅速转入正常的生产，我国第一颗氢弹空爆试验如期进行并取得了成功！

准备氢弹试验的同时，父亲还受命领导和组织我国第一颗人造卫星的研制工作，同步进行的还有我国第一艘核潜艇和潜射导弹以及反导弹武器的研制工作。这是父亲一生中工作最忙、责任最重、难度最大、政治风险最高的时期，大量的工作压在他一个人身上，从早到晚一个会议接着一个会议，往往这个会议还没有开完，下一个会议已经在等着他来主持。机关里向他请示汇报工作都得排队等候。父亲除了早上起床，上班的时间固定外，时常下午2点多才能回家吃午饭，下午什么时间能下班谁也说不准。只要家里他办公桌上的几部电话同时响起急促的铃声，就说明他已经离开办公室，正在回家的路上。父亲匆匆吃过晚饭，来不及和母亲说上几句话，就又回办公室加班去了。我们和父亲每天见面的时间加在一起也就几十分钟。听父亲的警卫员说，母亲不在家的时候，父亲不管白天多累，晚上下班多晚，回到家里第一件事就是来到我和弟弟的床前，摸着黑把我们踢开的被子轻轻整好。警卫员出自他的责任，

初心如磬

想劝父亲早点休息，刚说出一个字，父亲便连忙挥手示意：安静。然后静静地站在床旁，倾听着两个儿子熟睡中发出的梦呓和鼾声，这一站就是七八分钟。夜色中，警卫员虽然看不清父亲的面部表情，但他仍然能够感觉出这是父亲劳累一天后精神上最大的享受。父亲正是以这样一种特殊的方式表达着埋藏在他内心深处的那种强烈而又不易外露的父爱。

父母晚年照（1971年拍摄于沈阳家中）

为了让我们有规律地生活，母亲让我们几个孩子都到大食堂去用餐，并且规定：一日三餐的伙食标准不超过5角钱；要遵守食堂的规定，尊重食堂的工作人员；每餐之后要帮助食堂打扫卫生。久而久之，我们不但习惯和适应了这样的生活，而且还感到别有乐趣。

1970年2月，经周恩来总理批准，国防科委下达了发射"东方红一号"卫星的任务。运送火箭、卫星和有关设备的火车专列从全国各地运往酒泉卫星发射基地。当时国内形势仍然比较混乱，运送设备的专列被抢，被甩的现象时有发生。作为周恩来身边的参谋、助手，父亲像一部上满了发条的机器，高强度地运转着。在没有手机，没有车载电话，没有传真，通信手段十分落后的时代，电话座机是唯一的联络手段。为了确保卫星、火箭安全进场，父亲索性在办公室支起一张行军床，日日夜夜守在电话旁寸步不离，一日三餐都由秘书从机关食堂打回来。保证发射场出现的各种意外情况能够在最短时间内报告周恩来，并将周恩来总理的每一项指示及时传达到卫星发射的每一个战位，做到了上情下达，下情上达，指挥顺畅。因为办公大楼里没有洗浴设施，整整一个多月的时间，父亲只能每隔几天换一次内衣裤。同在一座城市里工作和生活的母亲每天下班后除了照看仍在读书的弟弟，便是将父亲换下的衣裤用双手认真洗净，晾干（那时还没有洗衣机），并将破损的地方一针一线补好，交给司机带给父亲，以一种特殊的方式支持着父亲的工作。

4月24日，我国第一颗人造卫星"东方红一号"发射成功。疲惫不堪的父亲如释重负，终于可以放心地回家了，他最大的愿望就是能够洗一个酣畅淋漓的热水澡，睡一个踏踏实实的觉。

父亲在"文化大革命"中虽然历尽磨难，但却屹立不倒，一个重要的原因是毛泽东主席、周恩来总理对他的信任和保护。从1933年到1939年，整整6年的时间，父亲一直在毛泽东、周恩来、朱德三位首长的身边工作，深得领袖们的信任。父亲一生中从不炫耀和吹嘘自己的这段经历，他处处低调行事，就连跟随多年的秘书也从未听到父亲说过早年的经历，直到在一次会议上，周恩来交给父亲一项重要任务时说：舜初同志是我的老战友，在长征路上和我吃在一起，睡在一起，行军在一起，打仗在一起，这件事交给你办，我放心。在座的许多同志才知道父亲和周总理还有这样深的渊源，是周总理十分放心的人。

1975年，父亲调任沈阳军区副司令员。离开北京那天，国防科委和国防工办上百名机关干部、战士和职工自发地来到北京站和父亲话别。在"文化大革命"时期，父亲日夜操劳，忘我工作的精神有目共睹。为了保证两弹一星核潜艇研制任务能正常进行，每遇危机，父亲总是挺身而出，主动为领导，为同事，为下级承担责任，以至于周恩来总理不得不在一次群众大会上为他开脱说："罗舜初同志把责任都承担了，科委副主任不止他一个人嘛！"和父亲一同工作的一位老将军曾经感慨万分地说："罗舜初，好人啊，好人！他一个人把所有的责任全担起来了。说出来很多人可能不信，只有亲身经历才能体会到他的为人。"正是这些有亲身经历的人才敢冒着政治风险来到车站和父亲话别。他们发自肺腑的临别赠语令父亲感动不已。列车徐徐开动，看着欢送的人们仍然在站台上热情地向父亲挥手致意，父亲情不自禁地说："同志们的理解，是我最大的满足和安慰。"

当父亲处于政治上的低谷时，母亲不顾别人劝阻，毅然决然地上交了请调报告，她要随父亲一同到各方面条件远不如北京的沈阳，相依相伴，不离不弃。

父亲在新的工作岗位，免不了要面对社会上的猜忌、冷言冷语和个别人的幸灾乐祸，早已将个人荣辱和仕途升迁置之度外的父亲漠然处之，依然抱着"老骥伏枥，志在千里。烈士暮年，壮心不已"的决心，凭着对事业和人民的忠诚，积极努力地工作。有一次，他到第四十军检查工作，回家后发现警卫员从汽车的后备箱里拿出一些部队驻地的土特产。一问才知是临行前部队特地为他买的。第二天一早，父亲和母亲把警卫员叫到跟前，认真地说："交给你一个任务，把这些土特产送回去。昨天临走前没有认真检查，是我的错。因此你的往返火车票和途中伙食补助都应由我来出。"在一般人看来，回到自己长期带过的老部队，就像回家走亲戚一样，收点东西算不得什么。父亲却认为，绝不能因为是自己带过的老部队，就当成自家的后院和菜园子，吃点拿点不当回事。一点土特产虽然值不了几个钱，但也是侵占了部队官兵们的利益，违背了参加革命的初衷。在父亲的一生中，有一条铁的规矩，绝不收受任何礼品，即使是招待烟、茶也从来不碰，全部自备。

粉碎"四人帮"后的一天，父亲在下班回家的路上，发现平日并不拥挤的副食店外排起了长龙。司机郭师傅告诉他，听说副食要调价了，市民们正在把手中的票证突击购买成实物。吃过晚饭，父亲把炊事员叫过来郑重其事地说："从现在起，各种肉蛋等副食品一律不要买了，等正式调价以后再买。"炊事员听了大惑不解。父亲说："这些年由于'四人帮'的破坏，与生活相关的物资严重短缺，我们是共产党员，不能与民争利。"炊事员接着问："家里的存货不多了，断了档怎么办？"父亲十分干脆地回答说："好好计划一下，吃到调价那天。实在没有也没关系，少吃一点怕什么。"

父亲和母亲反复吟诵的诗句之一是明代于谦的《石灰吟》:

千锤百凿出深山,烈火焚烧若等闲。

粉骨碎身全不怕,要留清白在人间。

纵观父亲和母亲的一生,他们为国家,为人民鞠躬尽瘁,无怨无悔,用实际行动把一个共产党员的"清白"问心无愧地留在了人间。

父亲去世后,母亲遵从父亲的遗愿,从简办理了父亲的后事,并将父亲的骨灰撒在了他生前战斗过的地方。

在沈阳军区党委的要求下,中共中央、中央军委经过认真复查,彻底推翻了强加给父亲的一切不实之词,恢复了父亲的名誉。经中央军委批准编纂的《中国人民

1983年,母亲在四十军老战友陪同下前往父亲骨灰撒放地之一的锦州帽儿山告慰英灵

解放军高级将领传》对父亲的一生做出了这样的评价:"(罗舜初)他对党忠诚,军政兼优,屡建战功,实事求是,严于律己,具有坚强的党性和出色的指挥才能,为中国革命和军队建设,特别是创建海军及发展国防工业贡献了毕生的精力。"

简 历

张英（1921—2008）

1921年出生，河北省河间市行别营乡西庄村人，1938年4月参加革命，1939年5月加入中国共产党。参加了抗日战争和解放战争。新中国成立后，1951年2月入朝作战，任志愿军第65军193师参谋长、教导团团长兼政委，第194师第一副师长。1954年调南京军事学院基本系任四期班主任、六期期主任。1960年调中国人民解放军国防科委第21基地(新疆)

任副司令员兼参谋长。1970年3月调国防科委任副秘书长、司令部副参谋长等职。1985年离职休养。1955年9月被授予上校军衔。1959年晋升大校军衔。2008年9月25日，因病于北京逝世，享年87岁。

陈其荣（1921—1964）

1921年出生于河北。1939年加入中国共产党，1946年入伍。抗日战争时期，历任村自卫队队长、区抗联主任、区妇救会主任、区长。解放战争时期，历任副指导员、政治协理员等。后转业任南京军事学院宁海路幼儿园主任，马兰基地幼儿园主任兼小学副校长。1964年于新疆马兰基地逝世。

梦回马兰

◎张路平　张路宁　张路光　张江南

当战争的硝烟散尽，我们的国家进入社会主义建设时期，人们终于可以过上和平的日子了，而我们的爸爸妈妈却再一次奔赴新的战场——新疆马兰，去建设我国第一个核试验基地。而妈妈这一去，就再也没有回来。

妈妈的身教

张路平

我们真正和爸爸妈妈在一起生活的时间，满打满算，也只有他们在南京军事学院工作的不到10年。新中国成立前后，我们被分别寄养在老乡家。直到1954年，爸爸妈妈调往南京工作，我们从四面八方被接到一起，才算有了家。那是我们最幸福的童年，也是妈妈为我们打好人生基础的难忘时光。

妈妈曾随着女同志复员转业的大潮脱下了军装，不久，根据组织需要去军事学院宁海路幼儿园当主任兼党支部书记。那时国家经济比较困难，为了幼儿园的孩子能吃饱吃好，她千方百计给孩子们改善伙食。幼儿园喂了几头猪，为了解决饲料问题，她利用周末休息时间，带着幼儿园教职员工到郊区打猪草、拾菜叶。

如果夜里听到猪圈有动静，妈妈就翻身下床，披上衣服去查看，生怕有人伤害猪，孩子们的营养受到损失。周末我们从学校回到家，妈妈总让我和弟弟路宁到幼儿园伙房的煤堆上捡煤核，教我们辨别没烧透的煤，说捡回去再烧，可以给幼儿园节约点儿钱。妈妈无论春夏秋冬、白天黑夜，一心扑在工作上，经常深入班级查看孩子的伙食、教学，晚上还逐班查夜，检查孩子们是否盖好了被子。她就是以这样的态度，完成党交给的工作。

妈妈小时候只上过几天私塾。但她在部队和后来的地方工作中，文化学习从来没有间断过。1956年，妈妈生了妹妹江南以后，我们大大小小5个孩子都需要她照顾，可她在工作之余，仍然坚持补习文化，不久，就通过了高中语文、数学的考试。她喜欢唱歌，爱画画，记得在她工作笔记的扉页，还用钢笔画了一个抱和平鸽的小女孩。

1955年春，我们和爸爸妈妈

初心如磐

20世纪60年代初还是解决温饱的年代，一向节俭的她，却花90元钱买了一架国产120照相机，让我们学习摄影。她请幼儿师范毕业的阿姨教我弹钢琴，让我参加幼儿园老师们的舞蹈表演。我从小喜欢画画，经常画一些古代仕女。妈妈说："怎么老画这些呀，应该多画些劳动人民！"于是我就注意观察，画练功的小女孩，上学的女学生，跳舞的少数民族姑娘。路宁喜欢游泳，妈妈全力支持他参加系统专业训练，13岁即考入南京市五台山体校游泳队，代表南京参加江苏省游泳比赛，并获得名次。妈妈从小给我们的熏陶，培育了我们爱读书、爱思考、兴趣广泛的良好的基本素质。

当时我们几个正长身体，妈妈怕营养跟不上，就到自由市场买高价鸡蛋给我们吃。而她自己却舍不得吃。长期的劳累、营养不良，导致肝肿大，全身浮肿，被送进了门诊部。妈妈一向生活俭朴，用了很久的床单、洗脸毛巾中间磨薄了，她从中线剪开，将两头缝上继续用。

在南京的那些年，妈妈年年被评为军事学院的先进工作者。

尽管我们和妈妈相处的时间太短太短，可是她留给我们的精神财富却很多很多，她用自己的言行告诉我们应该怎样做人，怎样做事。她的品格和形象，深深镌刻在我们心里，成为我们的楷模，陪伴我们走过人生。

从"地窝子"到"干打垒"

张路光

1962年夏天，爸爸带我去马兰。

那时正是国家困难时期，许多试验工程基本暂停。当时我们住在"总部"。所谓"总部"，就是一片地窝子围着三间砖房，周围一圈土坎权当"墙"。但听爸爸说，这条件已经比他们刚来的时候好多了。

1960年，爸爸从高等军事学院毕业，分配去新疆工作。进疆时，有几位叔叔阿姨同行。那时爸爸胃不好，临行前，妈妈专门为他烤了两袋馒头干，带着路上吃。在去新疆的路上，一日三餐不能保证时，这两袋馒头干成了他们的"救命粮"。2018年3月，江南和同学去无锡看望当时和爸爸一起进疆的张阿姨，她描述了当时的情景，笑着说："那一路，幸亏有你妈妈烤的那两袋馒头干了！"

爸爸是最早开创基地的奠基人之一。戈壁滩环境恶劣、气候多变，"天上无飞鸟，地上不长草，风吹石头跑"。在这里，吃、住、行都成了大问题，生活条件非常艰苦。开始住单帐篷，夏天骄阳似火，地面温度50多摄氏度，石头能把土豆烤熟；冬天严寒逼人，风沙铺天盖地，有时把帐篷刮着跑。基地组织官兵因地制宜，地下挖坑，上面盖顶，建成半地下的"地窝子"。以后，又学着自己动手脱坯，盖起"干打垒"的土坯房。参加试验的各军种、兵种部队，逐步建起营房，号称戈壁滩上的"海军大院""炮兵大院""防化兵大院"……

在这个人称"死亡之海"的地方，饮用水极其宝贵，水比油贵！每人每天定量，只能"立体使用"——擦脸、洗手后洗脚，洗脚后泼地压沙。夏天有时以瓜代水，瓜皮舍不得扔，渴了再啃几口。没有蔬菜，一

马兰基地的"地窝子"营房

年到头是发豆芽、煮花生、泡干菜，甚至稀有的榆树叶子、骆驼草的籽都成了充饥的食物。

1982年，爸爸在勘察南疆导弹试验场地时野餐

那个年头更没有肉。有一次开饭了，炊事员小心翼翼地端过来一盘菜。爸爸看看，觉得奇怪，就问：你这做的是啥家伙？炊事员神秘地说：首长，你尝尝。爸爸尝了一口，是肉！但是，不是猪肉，又比鸡肉粗。爸爸有点责怪地说：现在供应这么紧张，这是从哪儿来的？炊事员一笑，说：我打了一只乌鸦。您的营养太差了！这件事，后来爸爸当笑话给我们讲过好几次，也上了基地展览馆的展板。这个吃乌鸦的故事，生动形象地反映了基地建设初期的艰苦，又满满饱含着那时官兵一致的深情厚谊！后来条件好些了，国家尽最大可能给基地调拨了较充足的生活物资。

爸爸的左腿曾在抗日战争敌后战场上中枪负过伤，因得不到及时救治，差点被锯掉，走路一跛一跛的。如今和平年代了，他又在艰苦的试验场上奔波，风餐露宿。我们每每看到这张爸爸在戈壁滩吃饭的照片，总是心疼又感动。

第一次地下核试验

张路平　张江南

1963年，美、英、苏等几个大国在成功进行地下核爆炸后，签订了《关于禁止大气层、外层空间和水下进行核试验的条约》，企图阻止我国核能力进一步提升。为了打破核垄断，继续加强我国核盾牌，进行地下核试验势在必行。

1969年9月，经过几年的准备工作，我国首次地下平洞核试验任务进入临战状态。这是继1964年10月16日成功进行第一颗原子弹爆炸试验，以及1967年6月17日第一次氢弹空爆试验圆满成功之后，又一次重大突破。这次地下核试验由爸爸主持。

第三次核试验，在距爆心西北30公里处的临时指挥所（右起徐平、爸爸、张蕴钰，左一高建民）

9月15日，原子弹放入地下爆室，各种测试设备和仪器安装到位，一切处于临界状态。为了万无一失，爸爸陪同九院副院长王淦昌及赖祖武教授，又一一做了最后的检查，然后下令密封爆室，进行回填作业。由于条件所限，回填任务预计投入两个连队300余人，也需要一个星期才能完成。为了缩短回填时间，方便指挥，爸爸干脆把办公地点搬到了原子弹旁边。他让参谋谭先志在爆室旁边拉起了保密电话，和北京保持直线联系，还安放了包装箱当桌椅，在原子弹身边一连蹲了三个昼夜。

九院的军代表王德林、科学家王淦昌、赖祖武，以及各军兵种效应大队的领导，也在这里和他一起研究工作，现场办公。关于这段情况，八一电影制片厂导演张贵友是现场的见证者。他撰写的《我拍核爆炸》一书中，专门写了一章《守着原子弹办公的副司令》，详细记录了当时的情况。

当时，用于核试验的原子弹已经安装到位，装好引爆装置，处于一触即发的状态，人们的紧张情绪也充满了坑道。回填开始前，爸爸做的第一件事是先给战士们松松紧张的神经，他指着爆室内的原子弹对战士们说："原子弹这玩意儿不是随便可以鼓捣响的，用手榴弹都炸不响，同志们放心地干吧！"爸爸自信、风趣的话给战士们壮了胆："司令员都不怕，我们还怕什么？"

那天晚上，工兵124团的18连、19连同时开进，回填封堵的硬仗打响了。几百名官兵不分昼夜，三班轮换作业。运料的"轱辘马"穿梭行进，搬石头的战士来往不停。砌砖、垒石、抹灰、填土，锹镐声、铁轨的撞击声，一派热火朝天。

夜深了。爸爸气定神闲，从坐着的铁椅子上站起来，笑呵呵地指着干活的战士，问忙着拍照的张贵友导演："你知道他们脑子里在想些什么？在原子弹身边动土，谁不担心。可是，我这个副司令往这儿这么一坐，就给他们壮了胆。"

爸爸在坑道里还不时地到战士中转转，和他们拉拉家常，所以他对部队思想状况很了解。和回填作业一线部队共同战斗，消除了基层官兵的顾虑，他身先士卒和无形的思想工作，极大鼓舞了士气。其间，有12名战士因过度劳累而晕倒，经治疗苏醒后又坚持战斗。顽强的拼搏创造了奇迹，原定需要7天的任务不到5天时间就保质保量、安全地完成了！

张导一直想拍一组指挥员、科学家深入一线的镜头，当他示意照明师开灯，同时举起摄影机时，"不行，不行！不要拍，"爸爸连连摆手说，"领导和科学家不上镜头，这是规定。"之后，不管张导怎么要求，

首次核试验胜利，于凯旋门（左起爸爸、张蕴玉、张爱萍、朱光亚、李觉）

都未能如愿，这也成为他压在心头的遗憾。爸爸工作的照片确实少而又少，也是我们的遗憾。

在试验"零时"到来时，爸爸把缝在贴身内衣口袋内、带着体温的启爆密钥拿了出来。随着一声闷雷似的巨响，高山和大地颤抖着腾起尘埃……我国第一次地下核试验成功了！

在笔记本里认识妈妈

张江南

1963年初，第一次核试验的准备工作进入关键时期。为了加强基地小学和幼儿园的建设，也为了照顾爸爸的生活和工作，妈妈遵照组织上的安排，调离南京军事学院宁海路幼儿园主任的岗位，扔下正在上学的姐姐和两个哥哥，带着我和二哥来到马兰。基地党委提出："办好小学幼儿园，把方便交给家长，困难留给自己。"妈妈正是在国家最困难、基地创业初期接任了幼儿园主任兼子弟学校副校长的职务，成为基地第一代园丁。

当时，幼儿园有112个孩子，分在3个班。妈妈上任后，首先对班级进行了调整，专门为不到3岁的10个孩子增设了托儿班，其他孩子分成1个大班、2个中班、1个小班，把原来的3个班调整为5个，使班级的划分更加科学合理，便于分龄管理。

当时，幼儿园孩子和工作人员的伙食是混在一起的，妈妈去了之后，分别成立了大、小灶，实行了分餐。

马兰基地创建初期的托儿所

并把喝豆浆和牛奶，吃豆腐、青菜列入孩子们的伙食清单，要求伙房增加饭菜花样。从3月份开始，妈妈上任没多久，就给孩子们增加了15斤牛奶，托儿班3斤，其余牛奶给大、中、小班的孩子轮流喝。为了增加孩子们的营养，改善伙食，幼儿园克服困难养了猪，妈妈还要操心饲料的来源。

那时基地已初具规模，建成了机场、医院、36团、场站、农场等营房，以及水塔、机井等基础设施，但居住位置分散。为了保障小学、幼儿园孩子在接送路上的安全，妈妈统计、绘制了学生、儿童和工作人员的住址分布和班车接送表，还分别规定了接送时间、行车路线。

妈妈还逐个找工作人员谈话，认真了解他们的家庭情况、政治面目、专业和学历，个人性格、工作优缺点等，都一一做了笔记。她了解到，当时幼儿园有28名工作人员，其中7名是共产党员、7名教养员、13名保育员，教养员中只有4名具有幼儿师范的教育背景，有的老师没有经过专业培训，歌唱得不好，不会画画，教学上有畏难情绪。有些工作人员是随军家属，文化水平低，家庭生活困难，工资较低，有的闹待遇，相互之间不团结。针对这些问题，妈妈下班后，利用休息时间个别谈话，进行家访，把大道理掰开揉碎，做深入细致的思想工作。

在妈妈的笔记本中详细地记录着以下的情况：孩子入园手续不健全，有待规范；加强职工的教育管理，制定职工管理暂行办法；建立读报制度；送老师去幼师进修，提高大班教学质量；要对小学和幼儿园合并的利与弊进行思考。还有，孩子们的吃喝拉撒、游戏学习，老师们的思想情绪、存在问题；甚至还有幼儿园仓库老鼠咬坏了面口袋；伙房没有碗柜和消毒设备处置孩子们的餐具；更换窗帘，增加衣柜、小椅子和玩具；人手不够，需增派炊事员；安排人去乌鲁木齐给孩子们买玩具和书籍；有的保育员游戏规则讲得不清楚，造成孩子们游戏时的碰撞；节假日幼儿园的大门是不是锁上了，暖

1960年的马兰"地窝子"小学

妈妈的笔记本

1964年1月，张江南和张路光在妈妈墓碑前

气井盖是不是已盖好……

　　当时从马兰去条件较好的军区总医院所在的乌鲁木齐市，需要在戈壁滩搓板路上颠一天才能到。本来就有心脏病的她，明明知道自己经不起这颠簸出去治疗了，但她还是这样坚持着。1964年1月10日，就在离第一颗原子弹爆炸不到10个月的时间，她倒下了，再没有醒过来。

　　妈妈的追悼会在新建的幼儿园一层召开，同学们都带着小白花，楼外还站着很多人，老师同学们都在掉眼泪。几十年后吴霞同学回忆说，江南去北京之前，班上女生哭声一片，是哭我们的老园长，还是江南的离开，或是江南那么小就失去亲爱的妈妈，也许都有吧。

　　妈妈去世后，基地授予她革命烈士称号，并在后龙口她生前喜欢的桃树林里，为她建了一座砖墓，竖起了一块碑。那时我刚满7岁，对她的记忆是模糊的。妈妈的工作情况，都是我从她当年用过的一个发黄的小笔记本上摘录下来的，从1963年2月9日到3月27日仅1个多月时间的工作笔记，让我重新读懂了妈妈，认识了她年仅42岁的生命价值。

上阵父子兵，亲历核试验

张路宁

爸爸后来调到北京国防科工委，继续负责试验任务的组织、指挥和协调工作。

1977年的深秋，奉上级命令，我作为65军的军事交通保障人员，配属临时组建的北京军区防化侦察连，赴大西北参加核试验防化侦察实兵演练。

我是马兰人的后代，有幸追随父辈的足迹，感受"上阵父子兵"的真情，令我终生难忘。亲历核试验，测量核弹坑，作为全连唯一的非专业防化兵，在戈壁滩三个月的训练生活里，连续两次变更任务，艰苦劳累，面临生与死，收获颇丰。

进入核试验场区的第二天，基地的张志善司令员来看望参试部队。见我站在队列里，他既惊讶又严肃地问我："你爸爸知道你参加核试验任务吗？你千万千万要注意安全！否则没法跟你爸爸交代！"我告诉张伯

1978年，我开赴马兰途中

伯，我是后勤保障人员，不直接参与防化侦察任务，不会有什么危险，请他放心。话虽这么说，可事情的进展并非我说的那么轻松。张司令的关切，让我隐隐意识到了核试验任务的艰苦性与危险性。

第一次变更的任务是，连长让我作为侦察车驾驶员的替补，参加防化侦察科目的训练。这与当年军队干部基本不会开车有关，一旦驾驶员生病或其他原因无法驾驶汽车时，由我作为替补，驾驶侦察车进入爆区执行任务。事后证明，连长的安排是正确的。

随着核爆"零时"的临近，部队开始进行战前教育，宣讲要奋斗就会有牺牲的道理。说到可能会牺牲，某野战军的一名驾驶员称病躺倒不干了，任由连队干部和临时班长做思想工作也无济于事。就这样，连长交给我的新任务派上了用场。

距离核爆"零时"越来越近，上级发给每人一块白布作"包袱皮"，将个人的物品整理打包，写明家庭住址和联系人姓名。连长宽慰大家说，写遗书留遗物的说法给大家造成的心理压力太大，就是给家人留言写纸条吧。其实写遗书也好，留纸条也罢，意思都是一样，大家心照不宣。我没有给家里留言写纸条，我只有一个信念，那就是一定要活着回家。

测量原子弹弹坑，除了飞机遥测数据，指挥部要求我们进行人工实地测量，作为遥测数据的补充。按照核试验的技术要求，每个人只允许进入一次核爆区，如果再次进入，受到的核辐射将会超标，给参试人员的健康造成危害。全连只剩下我和司务长（杜副连长）两人尚可机动调配。人工测量原子弹弹坑的任务，毫无选择地由我和杜副连长来完成。那辆因"病号"减员的侦察车，改由临时充当炊事员的洗消车驾驶员顶替。

核爆炸之后，防化侦察的最后一项科目是测量原子弹弹坑。我将侦察车开到爆区检查站的出入口，验明正身，签字画押，领取放射线剂量笔，然后加大油门冲向地平线之外的爆心。爆心的土堆大约有三四米

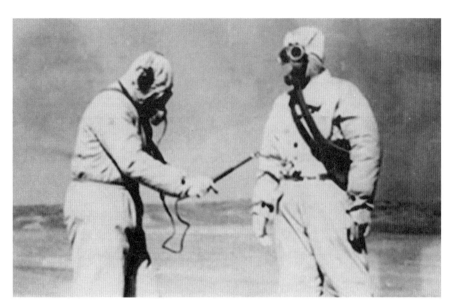
检测核辐射当量训练

高，呈等腰梯形，土质异常松软，一脚踏上去深陷至小腿肚。测量完毕，撤离，返回检查站，上交放射线剂量笔，数值在安全范围之内。进入洗消车淋浴、更衣的那一刻，我意识到，战前我抱定的信念已成为现实。我不仅活着回来了，而且顺利完成了手工测量原子弹弹坑的任务。我在心里默默地念叨，基地的张司令，您可以放心了。远在北京试验指挥中心坐镇的爸爸，儿子在您和妈妈曾经战斗过的地方，圆满地完成了任务，儿子没有给你们丢脸。

1983年春季至1984年春季，在第一颗同步卫星的保障任务中，我又一次与爸爸参与同一项任务。一年多的日日夜夜，在指挥大厅里，我是指挥中心的普通工作人员，目睹爸爸坐镇指挥，处置各种难题，井井有条，从容不迫。那时他身体不好，血压很高，却不动声色，直到任务结束，从未缺席。就是在那一年，我与爸爸有了更多的共同语言，也愿意听爸爸谈任务的压力，聊难点危情的化解。爸爸在副参谋长的职位上，做着参谋长的工作，一干就是15年，从来没有听到一句怨言。

就是这两次的经历，成为我人生经历中的重要节点，终生受用。

2018年10月22日，由参加1978年马兰核试验的陆军207师防化连的官兵在40年后，把那段参试经历写了出来，书名为《神兵钩沉》，由人民出版社出版。我因故没有参加这次新书发布会，而我的战友胡海波却用生动的文笔描述了当时的场景。

"发布会当天，在我的邀请下，张旅天推迟了外地的活动，参加了当天的新书发布会。当开钢主编制作的幻灯片打出核试验基地张蕴玉司令和另两位都姓张的副司令的照片时，张旅天又说出了一个秘密：书中写到的这次核试验，他也参加了，在装甲兵大队。而这次核试验的总指挥，就是张旅天的父亲、开国将军、我国核试验基地首任司令张蕴玉，这次核试验的副总指挥，就是张海的父亲、时任国防科工委副参谋长张英。

张蕴玉司令员（中），张英副司令员（右），张志善副司令员（左）

"这就是当年的将军和将门家风，他们都把自己的儿子，放到最艰苦的地方去，放到最危险的核试验第一线去！"

2008年9月25日，在我国第一次载人飞船神州七号游走太空之际，爸爸因病辞世。11月，我们全家送爸爸骨灰去马兰烈士陵园。爸爸妈妈又团聚了，他们永远地留在了那片土地！